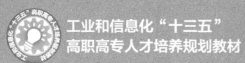

工业和信息化"十三五"
高职高专人才培养规划教材

Web前端开发

任务教程 | HTML+CSS +JavaScript+JQuery

Web Front-end Development

陈经优 肖自乾 ◎ 主编

傅翠玉 陈上 ◎ 副主编

U0220182

人民邮电出版社

北 京

图书在版编目（CIP）数据

Web前端开发任务教程：HTML+CSS+JavaScript+
jQuery / 陈经优，肖自乾主编. -- 北京：人民邮电出
版社，2017.8（2021.12重印）
 工业和信息化"十三五"高职高专人才培养规划教材
 ISBN 978-7-115-46188-9

 Ⅰ. ①W… Ⅱ. ①陈… ②肖… Ⅲ. ①超文本标记语言
－程序设计－高等职业教育－教材②网页制作工具－高等
职业教育－教材③JAVA语言－程序设计－高等职业教育－
教材 Ⅳ. ①TP312.8②TP393.092.2

中国版本图书馆CIP数据核字(2017)第167930号

内 容 提 要

本书采用基于任务的方式编写，内容可以划分为 4 个部分，共 6 章。第一部分包括第 1 章，主要介绍 Web 前端开发相关技术，包括 HTML、CSS、JavaScript 和 jQuery 等；第二部分包括第 2～4 章，由浅入深地介绍 3 个项目（博客类网站、企业类网站、电子商务类网站）的具体实现过程；第三部分包括第 5 章，介绍一个综合网站开发；第四部分包括第 6 章，介绍 HTML5 基本概念及语法。

本书适合作为高等职业院校计算机类相关专业的教材，也可作为相关从业人员的参考书。

◆ 主　　编　陈经优　肖自乾
　 副 主 编　傅翠玉　陈　上
　 责任编辑　左仲海
　 责任印制　焦志炜

◆ 人民邮电出版社出版发行　　北京市丰台区成寿寺路 11 号
　 邮编　100164　电子邮件　315@ptpress.com.cn
　 网址　http://www.ptpress.com.cn
　 固安县铭成印刷有限公司印刷

◆ 开本：787×1092　1/16
　 印张：18.75　　　　　　　　2017 年 8 月第 1 版
　 字数：437 千字　　　　　　2021 年 12 月河北第 9 次印刷

定价：49.80 元
读者服务热线：(010)81055256　印装质量热线：(010)81055316
反盗版热线：(010)81055315
广告经营许可证：京东市监广登字20170147号

前 言 FOREWORD

　　Web 前端开发是从网页制作演变而来的，名称上有很明显的时代特征，是 Web 开发领域者必须具备的基本技能，也是高职软件技术类专业的一门重要的专业基础课程。本书以提高读者 Web 前端开发技能为目标，将 Web 前端开发所需的知识和技术融入各个任务中，同时引导读者以符合 Web 国际标准的方式开发网页。

　　本书的编写采用基于任务的方式，以项目开发为主线，循序渐进地阐述 Web 前端开发所需的各项知识。第 1 章讲解了 Web 前端开发的基础知识，第 2 章讲解了博客类网站的制作，第 3 章讲解了企业类网站的制作，第 4 章讲解了电子商务类网站的制作，第 5 章讲解了综合信息类网站的制作，第 6 章讲解了利用 HTML 5 技术制作移动端页面的方法。全书由浅入深，将知识点融入实际操作中，让读者能够边做边学。

　　本书的参考学时为 64~72 学时，建议采用理论实践一体化的教学模式。

　　本书由陈经优、肖自乾任主编，傅翠玉、陈上任副主编，陈经优编写了第 1 章、第 2 章，肖自乾编写了第 4 章、第 6 章，傅翠玉编写了第 3 章，陈上编写了第 5 章。

　　由于编者水平和经验有限，书中难免有疏漏之处，恳请读者批评指正。如需获取本书相关源代码，请与作者联系，邮箱 jingyou513@163.com。

编　者
2017 年 5 月

目 录 CONTENTS

第❶章 Web 前端开发技术概述

任务目标

- 理解 Web 国际标准概念；
- 掌握如何制作符合 Web 国际标准网站的准则；
- 掌握 HTML 基础；
- 掌握 CSS 基础；
- 掌握 JavaScript 基础；
- 掌握 jQuery 基础。

模块知识点

- 什么是 Web；
- 什么是 Web 国际标准；
- Web 标准语言概述；
- HTML 基础；
- CSS 基础；
- JavaScript 基础；
- jQuery 基础。

明确任务

本章主要是通过对概念的讲解，让读者对 Web 前端开发技术有一个整体的认识。理解什么叫做 Web 国际标准？Web 国际标准与网页制作有什么区别？如何制作符合 Web 国际标准的网站？了解各个标准语言的历史，掌握制作 Web 标准网站的基础和 Web 前端开发所需的技术基础。

知识点讲解

知识点一：Web 概述

1. Web（互联网总称）

Web 即全球广域网，也称为万维网，它是一种基于超文本和 HTTP 的、全球性的、动态交互的、跨平台的分布式图形信息系统。是建立在 Internet 上的一种网络服务，为浏览者在 Internet 上查找和浏览信息提供了图形化的、易于访问的直观界面，其中的文档及超级链接将 Internet 上的信息节点组织成一个互为关联的网状结构。

Web 的本意是蜘蛛网和网的意思，在网页设计中我们称为网页的意思。在技术领域，现广泛译作网络、互联网等。表现为三种形式，即超文本（Hypertext）、超媒体（Hypermedia）、超文本传输协议（HTTP）等。

2. 网页和网站

网页（Web Page）是互联网上显示信息的页面，是构成网站的基本单位。通俗地说，网站是由网页组成的。

所谓网站（Web Site），就是指在因特网上，根据一定的规则，使用 HTML 等工具制作的用于展示特定内容的相关网页的集合。简单地说，网站是一种通信工具，就像布告栏一样，人们可以通过网站来发布或收集信息。

3. 版本介绍

（1）Web 1.0

Web 1.0 时代开始于 1994 年，其主要特征是大量使用静态的 HTML 网页来发布信息，并开始使用浏览器来获取信息，这个时候主要是单向的信息传递。通过万维网，互联网上的资源可以在一个网页里比较直观地表示出来，而且资源之间也可以在网页上任意链接。Web 1.0 的本质是聚合、联合、搜索，其聚合的对象是巨量、无序的网络信息。Web 1.0 只解决了人对信息搜索、聚合的需求，而没有解决人与人之间沟通、互动和参与的需求，所以 Web 2.0 应运而生。

（2）Web 2.0

Web 2.0 是相对 Web 1.0 的新的一类互联网应用的统称。Web 1.0 的主要特点在于用户通过浏览器获取信息。Web 2.0 则更注重用户的交互作用，用户既是网站内容的浏览者，也是网站内容的制造者。所谓网站内容的制造者，是说互联网上的每一个用户不再仅仅是互联网的读者，同时也成为互联网的作者；在模式上由单纯的"读"向"写"以及"共同建设"发展；由被动地接收互联网信息向主动创造互联网信息发展，从而更加人性化。

（3）Web 2.0 与 Web 1.0 的区别

① Web 2.0 更加注重交互性。不仅用户在发布内容过程中实现了与网络服务器之间的交互，而且，也实现了同一网站不同用户之间的交互，以及不同网站之间信息的交互。

② 符合 Web 标准的网站设计。Web 标准是国际上正在推广的网站标准，通常所说的 Web 标准一般是指网站建设采用基于 XHTML 语言的网站设计语言，实际上，Web 标准并

不是某一标准，而是一系列标准的集合。Web 标准中典型的应用模式是 "CSS+XHTML"，摒弃了 HTML4.0 中的表格定位方式，其优点之一是网站设计代码规范，并且减少了大量代码，减少网络带宽资源的浪费，加快了网站访问速度。更重要的一点是，符合 Web 标准的网站对于用户和搜索引擎更加友好。

③ Web 2.0 网站与 Web 1.0 网站没有绝对的界限。Web 2.0 技术可以成为 Web 1.0 网站的工具，一些在 Web 2.0 概念之前诞生的网站本身也具有 Web 2.0 特性，例如 B2B 电子商务网站的免费信息发布。

④ Web 2.0 的核心不是技术而在于指导思想。Web 2.0 技术本身不是 Web 2.0 网站的核心，重要的在于典型的 Web 2.0 技术体现了具有 Web 2.0 特征的应用模式。因此，与其说 Web 2.0 是互联网技术的创新，不如说是互联网应用指导思想的革命。

⑤ Web 2.0 是互联网的一次理念和思想体系的升级换代，由原来的自上而下的由少数资源控制者集中控制主导的互联网体系，转变为自下而上的由广大用户集体智慧和力量主导的互联网体系。

⑥ Web 2.0 体现交互的特点，可读可写，用户参与性更强，在微博、相册等方面体现得更为明显。

（4）Web 3.0

Web 3.0 是 Internet 发展的必然趋势，是 Web 2.0 的进一步发展和延伸。Web 3.0 在 Web 2.0 的基础上，将杂乱的微内容进行最小单位的继续拆分，同时进行词义标准化、结构化，实现微信息之间的互动和微内容之间基于语义的链接。Web 3.0 能够进一步深度挖掘信息并使其直接与底层数据库进行互通，并把散布在 Internet 上的各种信息点以及用户的需求点聚合和对接起来，通过在网页上添加元数据，使机器能够理解网页内容，从而提供基于语义的检索与匹配，使用户的检索更加个性化、精准化和智能化。对 Web 3.0 的定义是网站内的信息可以直接和其他网站相关信息进行交互，能通过第三方信息平台同时对多家网站的信息进行整合、使用；用户在 Internet 上拥有直接的数据，并能在不同网站上使用；完全基于 Web，具有用浏览器即可以实现复杂的系统程序的功能。Web 3.0 浏览器会把网络当成一个可以满足任何查询需求的大型信息库。Web 3.0 的本质是深度参与、生命体验以及体现网民参与的价值。

Web 3.0 的技术特性：

① 智能化及个性化搜索引擎；

② 数据的自由整合与有效聚合；

③ 适合多种终端平台，实现信息服务的普适性。

（5）Web 3.0 与 Web 1.0 和 Web 2.0 的区别

从用户参与的角度来看：Web 1.0 特征是以静态、单向阅读为主，用户仅是被动参与；Web 2.0 则是一种有分享特征的实时网络，用户可以实现互动参与，但这种互动仍然是有限度的；Web 3.0 则以网络化和个性化为特征，可以提供更多人工智能服务，用户可以实现实时参与。

从技术角度看：Web 1.0 依赖的是动态 HTML 和静态 HTML 网页技术；Web 2.0 则以 Blog、TAG、SNS、RSS、Wiki、六度分隔、XML、AJAX 等技术和理论为基础；Web 3.0

的技术特点是综合性的，语义 Web、本体都是实现 Web 3.0 的关键技术。

从应用角度来看：传统的门户网站如新浪、搜狐、网易等是 Web 1.0 的代表；博客中国、校内网、Facebook、YouTube 等是 Web 2.0 的代表；iGoogle、阔地网络等是 Web 3.0 的代表。

知识点二：Web 国际标准概述

1. Web 标准概念

Web 标准，即网站标准。目前通常所说的 Web 国际标准一般指网站建设采用基于 XHTML 的网站设计语言。Web 国际标准中典型的应用模式是"CSS+DIV"。

实际上，Web 标准并不是某一个标准，而是一系列标准的集合。由于 Web 设计越来越趋向于整体与结构化，对于网页设计者来说，理解 Web 标准首先要理解结构和表现分离的意义。结构（Structure）、表现（Presentation）和行为（Behavior）是构成网页的主要三大部分。我们首先来理解几个基本概念：内容、结构、表现、行为。

（1）内容

内容就是网页页面实际要向用户传达的真正信息，包含数据、文档或者图片等。注意这里强调的"真正"，是指纯粹的数据信息本身，不包含辅助的信息。如导航菜单、装饰性图片等都不是真正的内容，而只是起到修饰网站的作用。举个例子，下面这篇短文是我们博客页面要表现的信息，也就是页面要传递给用户的内容。

> 快乐是一种心态 sunshine @ 2015-2-20 快乐是一种心态，无关贪欲。心怀豁达、宽容与感恩，生命永远阳光明媚。人生有得有失，聪明的人懂得放弃与选择，幸福的人懂得牺牲与超越。能安于真实拥有，超脱得失苦乐，也是一种至上的人生境界。唯美的文字，能净化每个人的心灵；哀怨缠绵的文字，能使人充满忧伤与惆怅；充满鼓励性的话语，更能引起人的共鸣与奋发……但是现在的我只欣赏一句话：生气不如争气。人生中，处处皆有"气"，事事都有"气"。没有"气"的人生，那不是生活，是幻想中的"乌托邦"。人生不如意之事十有八九，学着莫生气，就是人生的另一个境界。就像一首打油诗写着："人生就像一场戏，别为小事发脾气，回头想想又何必，别人生气我不气，气出病来无人替……"记得生气时也要微笑。山不过来我过去，要有一种傲气，把逆境看作是成功的一所最好的学校。在逆境中微笑，就愈显得笑的不易，笑的可贵。就像有些人说的：流泪，不代表我伤心；微笑，不代表我开心……所以在挑战逆境的道路中，不乏有"失败"相陪，但要谨记失败不失志。要学会的是，在顺境中感恩，在逆境中依然乐观，专心致志，一路向前。常言道：经受了火的洗礼，泥巴也会有坚强的体魄。人生不就是要痛痛快快地活着吗？要学会知足常乐，不要总为失去而痛苦，因为失去就代表着重新拥有。聪明的人懂得放弃，真情的人懂得牺牲，幸福的人懂得超越，安于一份放弃，固守一份超脱，才是人生价值。"世上本无妒，庸人自扰之"，只有愚蠢的人才会时刻与愤怒为伍！要学会拿得起放得下，刷新你的明天，忘掉你的过去……浏览[1051] | 评论[05]注：文字摘自网络。

（2）结构

大家可以看到，上面给定的文字信息即内容非常完整，但是结构混乱，让读者很难阅读，分不清标题、作者信息、主要内容等信息。因此，我们还需对内容进行结构化，把它分成标题、作者、章、节、段落、脚注和列表等。

结构就是把内容加上语义，使内容更加具有逻辑性和易用性。再把上面的短文进行结构化。

标题：快乐是一种心态

作者：sunshine @ 2015-2-20

正文：

段落 1：

快乐是一种心态，无关贪欲。心怀豁达、宽容与感恩，生命永远阳光明媚。人生有得有失，聪明的人懂得放弃与选择，幸福的人懂得牺牲与超越。能安于真实拥有，超脱得失苦乐，也是一种至上的人生境界。

段落 2：

唯美的文字，能净化每个人的心灵；哀怨缠绵的文字，能使人充满忧伤与惆怅；充满鼓励性的话语，更能引起人的共鸣与奋发……但是现在的我只欣赏一句话：生气不如争气。

段落 3：

人生中，处处皆有"气"，事事都有"气"。没有"气"的人生，那不是生活，是幻想中的"乌托邦"。人生不如意之事十有八九，学着莫生气，就是人生的另一个境界。就像一首打油诗写着："人生就像一场戏，别为小事发脾气，回头想想又何必，别人生气我不气，气出病来无人替……"记得生气时也要微笑。

段落 4：

山不过来我过去，要有一种傲气，把逆境看作是成功的一所最好的学校。在逆境中微笑，就愈显得笑的不易，笑的可贵。就像有些人说的：流泪，不代表我伤心；微笑，不代表我开心……所以在挑战逆境的道路中，不乏有"失败"相陪，但要谨记失败不失志。要学会的是，在顺境中感恩，在逆境中依然乐观，专心致志，一路向前。常言道：经受了火的洗礼，泥巴也会有坚强的体魄。

段落 5：

人生不就是要痛痛快快地活着吗？要学会知足常乐，不要总为失去而痛苦，因为失去就代表着重新拥有。聪明的人懂得放弃，真情的人懂得牺牲，幸福的人懂得超越，安于一份放弃，固守一份超脱，才是人生价值。"世上本无妒，庸人自扰之"，只有愚蠢的人才会时刻与愤怒为伍！要学会拿得起放得下，刷新你的明天，忘掉你的过去……

脚注：浏览[1051] | 评论[05]注：文字摘自网络。

大家可以很清楚地看到，经过结构化后的内容更容易阅读。我们把标题、作者、段落及脚注等称为结构。结构就是由文档中的主体部分，再加上语义化、结构化的标记。用 HTML 进行结构化，抛开一切的表现形式，只考虑语义。

（3）表现

虽然定义了结构，但是内容还是原来的样式没有改变，例如标题字体没有变大，没有颜色，作者字体没有变小，或倾斜，正文字体的大小间距等没有设置，也没有修饰。所有这些用来改变内容外观的东西，我们称之为"表现"。

表现就是赋予内容的一种外在样式。在大多数情况下，表现就是文档"看"起来的样子，但是它同样可以影响一个文档"听"起来的样子——毕竟不是每个人使用的都是图像化的浏览器。

对上面文本用表现处理过后的效果如图 1-1 所示。

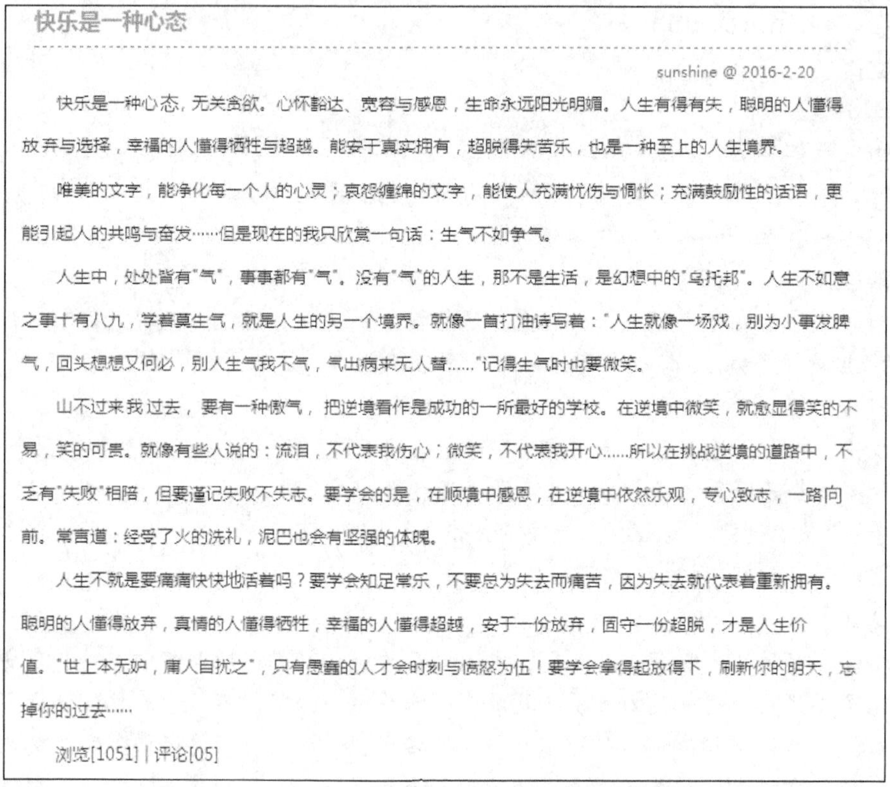

图 1-1　添加样式后的效果图

从图中我们可以看出，我们将标题字体变大加粗并变成带颜色的，还添加了下划线修饰，作者信息字体变小，颜色变浅并向右对齐，正文字体适中，设定了相应的间距，让整体看起来更为和谐。所有这些，都是"表现"的作用。它使内容看上去漂亮、舒服。形象一点的比喻：内容是人本身，结构标明头和四肢等各个部位，表现则是用服装或化妆，将人打扮得更漂亮，更有气质。

（4）行为

行为就是对内容的交互及操作效果。也就是说网页不仅仅是向用户传递内容，还需要考虑用户的感受，要与用户进行交流、互动。例如，注册页面需要收集用户的信息，再根据用户的信息判断是否有效，再把结果返回给用户，这就是最为常见的行为交互。我们最熟悉不过的就是 JavaScript。使用 JavaScript 我们可以使内容动起来，可以判断一些表单提交，可以给页面添加一些特效。

所有 HTML 和 XHTML 页面就是由"结构、表现和行为"这三方面组成的。抽象一点理解，内容是基础层，然后是附加上结构层和表现层，然后再对它们做点"行为"，示意草图如图 1-2 所示。

对应的标准也分三个方面：

- 结构化标准语言：主要包括 XHTML 和 XML；
- 表现标准语言：主要包括 CSS；
- 行为标准语言：主要包括对象模型（如 W3C DOM）、ECMAScript 等。

这些标准大部分由万维网联盟（World Wide Web Consortium，W3C）起草和发布，也有一些是其他标准组织制订的标准，比如欧洲计算机制造联合会（European Computer Manufacturers Association，ECMA）的 ECMAScript 标准。

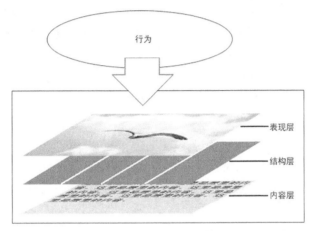

图 1-2　三层结构示意草图

2．Web 标准语言简介

（1）结构标准语言

编写结构的语言有：HTML、XHTML、XML，但属于标准结构语言的是：XHTML 和 XML。

XML 是 The Extensible Markup Language（可扩展标识语言）的简写。目前推荐遵循的是 W3C 于 2000 年 10 月 6 日发布的 XML1.0。和 HTML 一样，XML 同样来源于 SGML，但 XML 是一种能定义其他语言的语言。XML 最初设计的目的是弥补 HTML 的不足，以强大的扩展性满足网络信息发布的需要，后来逐渐用于网络数据的转换和描述。

XHTML 是 The Extensible Hypertext Markup Language（可扩展标识语言）的缩写。目前推荐遵循的是 W3C 于 2000 年 1 月 26 日推荐 XML1.0。XML 虽然数据转换能力强大，完全可以替代 HTML，但面对成千上万已有的站点，直接采用 XML 还为时过早。因此，我们在 HTML4.0 的基础上，用 XML 的规则对其进行扩展，得到了 XHTML。简单地说，建立 XHTML 的目的就是实现 HTML 向 XML 的过渡。

（2）表现标准语言

CSS 是 Cascading Style Sheets（层叠样式表）的缩写。W3C 创建 CSS 标准的目的是以 CSS 取代 HTML 表格式布局。纯 CSS 布局与结构式 XHTML 相结合能帮助设计师分离外观与结构，使站点的访问及维护更加容易。

在网页制作时采用层叠样式表技术，可以有效地对页面的布局、字体、颜色、背景和其他效果实现更加精确地控制。只要对相应的代码做一些简单的修改，就可以改变同一页面的不同部分，或者页数不同的网页的外观和格式。

目前推荐遵循的是 CSS3。CSS3 是 CSS 技术的升级版本，CSS3 语言开发朝着模块化发展。以前的规范作为一个模块实在是太庞大了而且比较复杂，所以，把它分解为一些小的模块，更多新的模块也被加入进来。这些模块包括：盒子模型、列表模块、超链接方式、语言模块、背景和边框、文字特效、多栏布局等。

（3）行为标准语言

DOM 是 Document Object Model（文档对象模型）的缩写。根据 W3C DOM 规范（http://www.w3.org/DOM/），DOM 是一种语言的接口，使得你可以访问页面其他的标准组件。简单理解，DOM 解决了 Netscaped 的 JavaScript 和 Microsoft 的 Jscript 之间的冲突，给予 Web 设计师和开发者一个标准的方法，让他们来访问站点中的数据、脚本和表现层对象。

ECMAScript 是 ECMA(European Computer Manufacturers Association)制定的标准脚本语言（JavaScript）。目前推荐遵循的是 ECMAScript262。

3. Web 标准的好处

- 文件下载与页面显示速度更快。
- 内容能被更多的用户所访问（包括失明、视弱、色盲等残障人士）。
- 内容能被更广泛的设备所访问（包括屏幕阅读机、手持设备、搜索机器人、打印机、电冰箱等）。
- 用户能够通过样式选择定制自己的表现界面。
- 所有页面都能提供适于打印的版本。
- 更少的代码和组件，容易维护。
- 带宽要求降低（代码更简洁），成本降低。举个例子，当 ESPN.com 使用 CSS 改版后，每天节约超过两兆字节（terabytes）的带宽。
- 更容易被搜寻引擎搜索到。
- 保持整个站点的视觉一致性变得非常简单，修改样式表就可以轻松改版。
- 提供打印版本而不需要复制内容。
- 提高网站易用性。在美国，有严格的法律条款（Section 508）来约束政府网站必须达到一定的易用性，其他国家也有类似的要求。
- 由于结构清晰，数据的集成、更新和处理更加方便灵活。

知识点三：HTML 基础

超文本标记语言（Hyper Text Markup Language，HTML），是用来描述网页的一种语言。HTML 不是一种编程语言，而是一种标记语言（markup language），标记语言是使用一套标记标签（markup tag）来描述网页。

（1）HTML 标签

HTML 标记标签通常也被称为 HTML 标签 (HTML tag)。

- HTML 标签是由尖括号包围的关键词，比如 <html>。

- HTML 标签通常是成对出现的，比如 <div> 和 </div>。
- 标签对中的第一个标签是开始标签，第二个标签是结束标签。
- 开始和结束标签也被称为开放标签和闭合标签。
- 标签也分为单标签和双标签，单标签比如<img />。

（2）HTML 文档

HTML 文档也称为网页，后缀名为.html 或.htm。

Web 浏览器的作用是读取 HTML 文档，并以网页的形式显示出它们。浏览器不会显示 HTML 标签，而是使用标签来解释页面的内容。

下面简单介绍 HTML 中的常用标签。

1. HTML 文档结构标签

HTML 文档结构标签包含三对标签。

- <html>…</html>：限定文档的开始点和结束点，在它们之间是文档的头部和主体。
- <head>…</head>：用于定义文档的头部，它是所有头部元素的容器。它们中的元素可以引用脚本、指示浏览器在哪里找到样式表、提供元信息等。
- <body>…</body>：标识文档主体的内容。

2. 文本格式标签

- <title>…</title>：该标签要放置在<head>…</head>标签之间，用于显示网页的标题，在浏览器的标题栏显示。
- <hi>…</hi>：标识标题文本，比如文章标题等，i 表示 1、2、3、4、5、6，分别表示一级～六级标题，文本大小逐级减小。
- <p>…</p>：表示段落文本。
- <pre>…</pre>：标识预定义文本。

3. 列表标签

列表标签一般用于表示文本列表，比如显示新闻列表，还用于制作导航条。

在 HTML 文档中，列表结构可以分为三种类型：无序列表、有序列表、定义列表。无序列表使用项目符号来表示，列表元素之间没有顺序之分。有序列表使用编号来表示列表元素的顺序。定义列表是一种特殊的结构，它包含词条和解释。具体说明如下。

- <ul>…</ul>：　无序列表的父级元素。
- <ol>…</ol>：　有序列表的父级元素。
- <li>…</li>：　表示列表元素。
- <dl>…</dl>：　定义列表的父级元素。
- <dt>…</dt>：　标识词条。
- <dd>…</dd>：标识解释。

```
<!—三种列表的使用方式 -->
<ul>
  <li>咖啡</li>
  <li>牛奶</li>
```

```
</ul>
<ol>
  <li>咖啡</li>
  <li>牛奶</li>
</ol>
<dl>
  <dt>咖啡</dt>
  <dd>咖啡是用经过烘焙的咖啡豆制作出来的饮料，与可可、茶同为流行于世界的主要饮品。
  </dd>
</dl>
```

<!—注释-->：HTML 文档中的注释信息。以上代码显示效果如图 1-3 所示。

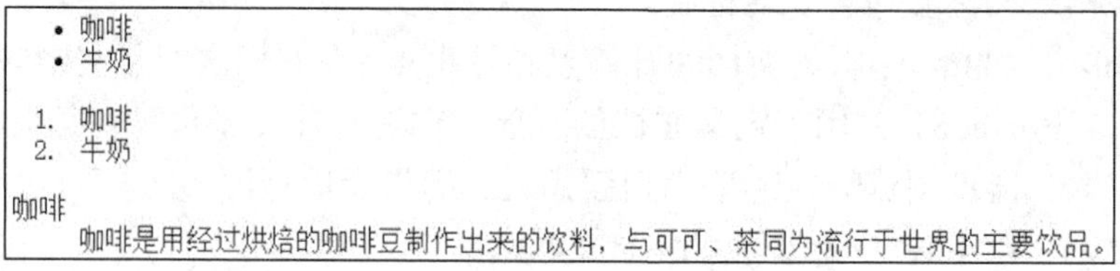

图 1-3　列表显示效果图

4. 链接标签

链接标签可以把多个网页链接在一起形成网站。

- <a>…</a>：标识超链接。
- href 是<a>标签最为重要的属性，添加链接路径。

5. 多媒体标签

- <img src="url" />：向网页中嵌入图像，src 为图像的 URL 地址。
- <embed>…</embed>：嵌入多媒体（用于非 IE 浏览器）。
- <object>…</ object >：嵌入多媒体（用于 IE 浏览器）。

6. 表格标签

表格标签用来组织和管理数据，在 Web 标准中已放弃用表格来布局页面，恢复表格标签原有的功能，存储数据。

表格由 <table> 标签来定义。每个表格均有若干行（由 <tr> 标签定义），每行被分割为若干单元格（由 <td> 标签定义）。字母 td 指表格数据（table data），即数据单元格的内容。数据单元格可以包含文本、图片、列表、段落、表单、水平线、表格等。具体标签说明如下。

- <table>…</ table>：定义表格。
- <caption>…</ caption>：表格标题。
- <th>…</ th>：表格表头。
- <tr>…</ tr>：表格行。
- <td>…</ td>：表格单元格。

7. 表单标签

表单标签主要是用于制作交互页面，一般用于用户注册、登录页面等。

● <form>…</ form>：表单标签，表明表单区段的开始与结束，所有的表单元素必须放置在表单标签中。

● <input />：输入标签，可以产生单行文本框、密码框、单选按钮、复选框等。

● <textarea>…</textarea>：多行文本区域。

● <select>…</select>：定义下拉列表。

● <option>…</option>：定义下拉列表中的元素。

以上是 HTML 最为常用的标签，用于构建网页结构。但是 HTML 语法模式不够严谨，在 Web 标准时代强调的是表现和结构分离，显然 HTML 的语法模式已经不能满足需求，取而代之的将是新一代的标记语言 XHTML，标签和结构更为严谨。

XHTML 是一门面向结构的语言，其设计目的不像 HTML 仅仅是为了网页设计与表现，而主要是用于对网页内容进行结构设计。一方面，XHTML 的严谨的语法结构有利于浏览器进行解析处理，是一门面向文档结构的设计语言。另一方面，XHTML 也是 HTML 向 XML 过度的语言。

XHTML 是基于 HTML 的，是严密的、代码更整洁的 HTML 版本，下面简单介绍 XHTML 和 HTML 的区别。

XHTML 区别于 HTML 的规则。

● XHTML 文件的开始要声明文档类型定义（Document Type Definition，DTD）。

● 需要为<html>标签添加一个命名空间。

● 所有的标签和标签的属性都必须小写，属性值可以大写。

● 属性值必须用英文的双引号括起来。

● 所有标签必须关闭，空标签也需要关闭。

● 不允许属性简写。

● 如果使用严格类型 "strict"，则很多定义的外观的属性都不允许使用。

知识点四：CSS 基础

对于一个网页设计者来说，对于 HTML 语言一定不会感到陌生，因为它是所有网页制作的基础。但是要想制作符合 Web 标准的网页，且希望网页美观大方，升级方便，维护轻松，那就离不开 CSS。CSS 主要是用来控制整个网站的外观，下面简单介绍 CSS 概念以及 CSS 的初级体验。

CSS 层叠样式表，它是用于控制网页样式并允许将样式信息与网页内容分离的一种标记性语言。简单地说，CSS 的引入就是为了使得 HTML 语言能够更好地适应页面的美工设计。它以 HTML 语言为基础，提供了丰富的格式化功能，如字体、颜色、背景和整体排版等。随着浏览器不断更新发展，对 CSS 的兼容性越来越成熟，CSS 将网页设计带入一个全新的时代。

（1）传统 HTML 的缺陷

在 CSS 还没有被引入页面设计之前，网页设计师不仅利用 HTML 实现结构，还要使用

HTML 属性实现页面美工样式，使得整个页面都混杂着结构和样式，网页文档变得非常臃肿。例如需要控制一个页面中的所有文章标题的字体颜色，需要使用\<font\>标签（现在已经废除使用这些表现标签），在每个标题中嵌入\<font\>标签，代码如下：

```
<h1><font color="red">标题</font></h1>
```

当需要修改标题为蓝色时，修改并不复杂，但是当页面的标题很多时，那么这么一个简单的修改也将会变得复杂。

在这里将不再过多地演示传统 HTML 存在的不足。

（2）体验 CSS

CSS 文件是一个纯文本文件，文件后缀名为.css，只要一般的文本编辑软件都可以对 CSS 文件进行编辑，如记事本。对于初学者来说，利用记事本来开发有助于更快熟练 CSS 属性，但开发速度会有所影响。大家也可以利用 Dreamweaver 纯代码模式，有提示功能，可以提高开发效率。

下面我们利用 CSS 来控制字体的样式，体验 CSS 修改的便捷。结构代码如下：

```
<body>
<h1>HTML 简介</h1>
<p>超文本标记语言(Hyper Text Markup Language, HTML),是用来描述网页的一种语言。
HTML 不是一种编程语言，而是一种标记语言 (markup language),标记语言是使用一套标记标签
(markup tag)来描述网页。</p>
<h1>CSS 简介</h1>
<p>CSS 层叠样式表，它是用于控制网页样式并允许将样式信息与网页内容分离的一种标记性语
言。简单地说，CSS 的引入就是为了使得 HTML 语言能够更好地适应页面的美工设计。它以 HTML 语言
为基础，提供了丰富的格式化功能，如字体、颜色、背景和整体排版等。随着浏览器不断更新发展，对
CSS 的兼容性越来越成熟，CSS 将网页设计带入一个全新的时代。
</p>
</body>
```

需要用 CSS 控制标题字体颜色为红色，将在\<head\>\</head\>标签中嵌入如下代码：

```
<style type="text/css">
h1{color:red;}
</style>
```

如果需要改变页面样式，把标题的红色改为蓝色，那么只需要修改 h1 的样式如下：

```
<style type="text/css">
h1{color:blue;}
</style>
```

这里的 h1 标题 CSS 样式将是控制整个页面中所有的 h1 标题样式，修改它的样式，整个页面的标题都将被更新，这样维护起来非常方便。

知识点五：JavaScript 基础

1. JavaScript 简介

JavaScript 是一种基于对象和事件驱动并具有相对安全性的客户端脚本语言。同时也是

一种广泛用于客户端 Web 开发的脚本语言，常用来给 HTML（标准通用标记语言的子集）网页添加动态功能，比如响应用户的各种操作。它最初由网景公司（Netscape）的 Brendan Eich 设计，是一种动态、弱类型、基于原型的语言，内置支持类。JavaScript 是 Sun 公司(已被 Oracle 公司收购）的注册商标。Ecma 国际以 JavaScript 为基础制定了 ECMAScript 标准。JavaScript 也可以用于其他场合，如服务器端编程。完整的 JavaScript 实现包含 3 个部分：ECMAScript，文档对象模型 DOM，浏览器对象模型 BOM。

在 1995 年时，由 Netscape 公司的 Brendan Eich，在网景导航者浏览器上首次设计实现而成。因为 Netscape 与 Sun 合作，Netscape 管理层希望它外观看起来像 Java，因此取名为 JavaScript。但实际上它的语法风格与 Java 并不相似。可以说 JavaScript 是一种基于对象的编程语言而不能说是面向对象的编程语言，因为对象性的特征在 JavaScript 中并不像 Java 语言中那样纯正。在 JavaScript 中有内置的对象，同时用户也可以创建并使用自己的对象。

为了取得技术优势，微软推出了 JScript，CEnvi 推出 ScriptEase，与 JavaScript 同样可在浏览器上运行。因为 JavaScript 兼容于 ECMA 标准，为了统一规格，因此也称为 ECMAScript。

（1）JavaScript 基本特点

JavaScript 是一种属于网络的脚本语言，已经被广泛用于 Web 应用开发,常用来为网页添加各式各样的动态功能，为用户提供更流畅、更美观的浏览效果。通常 JavaScript 脚本是通过嵌入在 HTML 中来实现自身的功能的。

① 是一种解释性脚本语言（代码不进行预编译）。

② 主要用来向 HTML 页面添加交互行为。

③ 可以直接嵌入 HTML 页面，但写成单独的 js 文件有利于结构和行为的分离。

④ 跨平台特性，在绝大多数浏览器的支持下，可以在多种平台下运行（如 Windows、Linux、Mac、Android、iOS 等）。

JavaScript 脚本语言同其他语言一样，有它自身的基本数据类型，表达式和算术运算符及程序的基本程序框架。JavaScript 提供了四种基本的数据类型和两种特殊数据类型来处理数据和文字。而变量提供存放信息的地方，表达式则可以完成较复杂的信息处理。

（2）JavaScript 基本特性

① 基于对象。JavaScript 是一种基于对象的脚本语言，它不仅可以创建对象，也能使用现有的对象。

② 简单性。JavaScript 是一种弱类型语言，对使用的数据类型未做出严格的要求。例如在定义变量时，可使用关键字 var，也可省略。JavaScript 是基于 Java 基本语法和语句流程，而 Java 是从 C 和 C++语言发展而来，因此有过 C 语系开发经验的人员学习 JavaScript 十分容易。

③ 动态性。JavaScript 是一种采用事件驱动的脚本语言，它不需要经过 Web 服务器就可以对用户的输入做出响应。所谓事件驱动就是触发一定的操作而引起某些动作。例如，鼠标单击按钮，页面加载完毕等这些都是事件。可以根据不同的事件创建相应的响应代码，这样就可以实现和用户的动态交互。

④ 平台无关性。JavaScript 脚本语言不依赖于操作系统，仅需要浏览器的支持。因此

一个 JavaScript 脚本在编写后可以带到任意机器上使用，前提是机器上的浏览器支持 JavaScript 脚本语言，目前 JavaScript 已被大多数的浏览器所支持。

⑤ 安全性。JavaScript 是安全的，其不允许访问本地硬盘，也不能将数据存入到服务器上，不允许对网络文档进行修改和删除，只能通过浏览器实现信息浏览或动态交互。从而有效地防止数据的丢失和破坏。

2. JavaScript 语法基础

（1）在网页中使用 JavaScript

JavaScript 代码是一种纯文本语言，因此任何一种文本编辑器都可以进行编辑，例如"记事本"，或者是编辑 HTML 的工具，如 Dreamweaver。

下面介绍如何在网页中嵌入 JavaScript 脚本代码。

① 创建 JavaScript 脚本片段。

在 HTML 中创建脚本 JavaScript 片段，需要把所有的 JavaScript 代码放置在<script>标签中。如下代码所示：

```
<script language="JavaScript" type="text/JavaScript">
//JavaScript 代码
</script>
```

在 HTML 4.0 规范中，推荐使用 type 属性来代替 language 属性，在开发过程中，为了保持代码的兼容性，建议两个属性同时使用。

<script></script>可以放在<head></head>之间，也可以放在<body></body>之间，但两者是有区别的。放在<body></body>之间的脚本代码会作为页面的内容的一部分被加载，可以向页面输出内容。而放在<head></head>之间的代码不可以向页面输出内容，通常用于定义变量或是函数。页面不同位置的 JavaScript 脚本代码可以互相引用。

② 使用外部的 JavaScript 文件。

如果编写的 JavaScript 脚本代码很复杂，这时还要嵌套在 HTML 代码里的话，会使得整个 HTML 文件很庞大，可阅读性、易用性降低，这也是 Web 标准所不推荐的。

这时我们可以将大量的 JavaScript 脚本放入一个外部文件中，需要在页面中加以引用。这样一方面实现了代码的可重用性（外部的 JavaScript 文件可作用于多个 HTML 页面），另一方面提高了页面的加载速度，也免去了修改代码时的大量重复劳动，也实现了结构和行为分离。

JavaScript 文件的后缀名为".js"，我们首先需要创建一个 JavaScript 文件，保存在站点中，再使用下面的方法将外部 JavaScript 脚本文件引入到当前页面：

```
<script language="JavaScript" type="text/JavaScript" src="file.js"></script>
```

属性 src 用来指定外部 JavaScript 脚本文件的路径，且<script></script>标签要嵌入<head></head>标签之间。需要注意的是，在 JavaScript 脚本文件中，不需要加入<script></script>标记，直接编写 JavaScript 代码即可。

③ 在属性值中使用 JavaScript。

除了以上两种方法外，还可以直接把 JavaScript 代码作为标签的属性使用，经常是用来响应某个事件，实现和用户的交互。例如当用户单击按钮时，弹出警告框，具体代码如下：

```
<input type="button" value="提交" onclick="alert('确定要提交吗？')" />
```

当用户用鼠标单击按钮时，就会执行在 onclick 属性指定的 JavaScript 脚本。此外，还可以将 JavaScript 脚本用于超链接标记<a>的 href 属性。具体代码如下：

```
<a href="JavaScript:window.close()">关闭窗口</a>
```

当用鼠标单击这个超链接时，当前窗口就会提示是否关闭；当单击确定，则关闭当前窗口。这里需要注意的是要在 JavaScript 代码前加入"JavaScript"，用于标识是 JavaScript 脚本代码。

这种方法我们还经常用于调用脚本片段中的函数，但是 Web 标准并不提倡这种做法，因为这种方式违背了 Web 标准的思想，没有实现结构和行为的分离。

（2）调试 JavaScript 代码

JavaScript 语言是解释性的脚本语言，代码不需要进行预编译，只需要浏览器解释输出即可。因此，我们都是直接在 Dreamweaver 或文档编辑器中编辑 JavaScript 代码，然后再在浏览器中输出查看，不断进行调试再优化。在本章中，将介绍另外一种调试的方式，直接在浏览器中编辑和调试。这一"利器"就是谷歌 Chrome 浏览器，谷歌 Chrome 浏览器提供了"开发者工具"，在"开发者工具"中有一个 Console 窗口，该窗口被称为控制台输出窗口。这是一个非常强大的 JavaScript 调试工具，我们可以直接在该窗口中编辑并执行 JavaScript 代码。下面我们来举个例子，演示如何利用该工具进行调试 JavaScript 代码。

先打开谷歌 Chrome 浏览器，选择菜单项中的"更多工具"→"开发者工具"，在工具栏界面中选择最下方的"Console"，如图 1-4 所示。

图 1-4　Console 控制台界面图

在光标显示处可以输入 JavaScript 代码，例如输入代码如下：

```
var name="Hello world!";
console.log(name);
```

以上代码通过关键字 var 定义了一个变量，名为 name，并赋值为"Hello world!"，而输出该变量的值，只需要使用 console.log()方法即可（需要注意的是，两句代码之间的换行是 Shift+Enter 组合健）。代码输入完毕后，按回车键，即可调试，如图 1-5 所示。

图 1-5　Console 代码调试界面图

除了可以使用 console.log() 方法输出以外，我们还可以使用 prompt 输入和 alert 输出方法进行测试，输入如下代码：

```
//prompt("提示字符串","默认字符串")，提供用户输入
var name=prompt("请输入你的名字","youyou");
alert("欢迎"+name+"进入我的网站");
```

在 Console 控制台中可以对代码进行注释，JavaScript 注释有两种方式：单行注释和多行注释。"//" 双斜杠为单行注释，"/*   */" 为多行注释。Console 控制台还提供代码提示功能，当输入的是 JavaScript 关键字时，会给出完整的提示。

以上代码是可以让用户输入自己的名字，并弹出一个欢迎对话框，结果如图 1-6 所示。

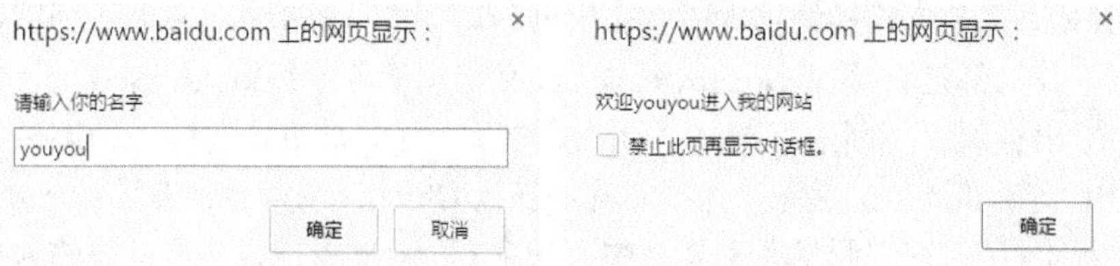

图 1-6   Console 输入和弹出窗口效果图

知识点六：开源类库 jQuery 简介

提到开源类库，就不得不提 jQuery，这是目前使用最为频繁的类库。jQuery 能够使我们方便地操作 HTML 中的节点、对象、事件、动画，其用法比原生的 JavaScript 更加简单，能够大大地节省开发的工作量。

本书并不是专门介绍 jQuery 的书籍，但为了使读者能够了解这一框架的用法，以便于更好地理解在后续案例中可能出现的 jQuery 代码，在此将简单介绍 jQuery 的用法。

1. jQuery 简介

jQuery 是一个快速、简洁的 JavaScript 框架，是继 Prototype 之后又一个优秀的 JavaScript 代码库（或 JavaScript 框架）。jQuery 设计的宗旨是 "Write Less, Do More"，即倡导写更少的代码，做更多的事情。它封装 JavaScript 常用的功能代码，提供一种简便的 JavaScript 设计模式，优化 HTML 文档操作、事件处理、动画设计和 Ajax 交互。

jQuery 是轻量级的 js 库(压缩后只有 21k)，这是其他的 js 库所不及的，它兼容 CSS3，还兼容各种浏览器（IE6.0+、FF1.5+、Safari2.0+、Opera9.0+、Chrome 8+等）。jQuery 还有一个比较大的优势，它的文档说明很全，而且各种应用也说得很详细，同时还有许多成熟的插件可供选择。

jQuery 的核心特性可以总结为：具有独特的链式语法和短小清晰的多功能接口；具有高效灵活的 CSS 选择器，并且可对 CSS 选择器进行扩展；拥有便捷的插件扩展机制和丰富的插件。

2. jQuery 特点

（1）快速获取文档元素

jQuery 的选择机制构建于 CSS 的选择器，它提供了快速查询 DOM 文档中元素的能力，

而且大大强化了 JavaScript 中获取页面元素的方式。

（2）提供漂亮的页面动态效果

jQuery 中内置了一系列的动画效果，可以开发出非常漂亮的网页，许多网站都使用 jQuery 内置的效果，比如淡入淡出、元素移除等动态特效。

（3）创建 AJAX 无刷新网页

AJAX 是异步的 JavaScript 和 ML 的简称，可以开发出非常灵敏无刷新的网页，特别是开发服务器端网页时，比如 PHP 网站，需要往返地与服务器通信，如果不使用 AJAX，每次数据更新不得不重新刷新网页，而使用 AJAX 特效后，可以对页面进行局部刷新，提供动态的效果。

（4）提供对 JavaScript 结构的增强

jQuery 提供了对基本 JavaScript 结构的增强，比如元素迭代和数组处理等操作。

（5）增强的事件处理

jQuery 提供了各种页面事件，它可以避免程序员在 HTML 中添加事件处理代码，最重要的是，它的事件处理器消除了各种浏览器兼容性问题。

（6）更改网页内容

jQuery 可以修改网页中的内容，比如更改网页的文本、插入或者翻转网页图像，jQuery 简化了原本使用 JavaScript 代码需要处理的方式。

3．jQuery 语法基础

要使用 jQuery，最直接的方法就是访问它的官方网站（http://www.jquery.com），下载其最新的版本，在本章中我们使用的是 "jquery-3.1.1.min.js"。

（1）添加 jQuery 库

jQuery 库位于一个 JavaScript 文件中，其中包含了所有的 jQuery 函数。我们要在页面中使用 jQuery，就要先导入 jQuery 库。引入的方法类似引入外部的 JavaScript 文件，可以在<head>标签中导入也可以在<body>标签中导入。

如下代码是在<head>标签中导入 jQuery 库。

```
<head>
    <script src="jquery-3.1.1.min.js"></script>
</head>
```

通过以往经验，把 jQuery 库放在<head>标签中导入，有可能会影响 body 部分的载入速度，因此除非必要，一般推荐将其放在 body 尾部导入。如若一定要把 jQuery 库放在<head>标签中导入，那么也要将引入代码放在 CSS 调用之后，以使外观效果优先呈现。

如下代码是在<body>标签中导入 jQuery 库。

```
<body>
    <h1>jQuery 练习</h1>
    <script src="jquery-3.1.1.min.js"></script>
</body>
```

除了以上直接引入本地的 jQuery 库文件外，我们还可以使用 CDN 公共服务来引入 jQuery。目前，像谷歌、微软、百度等公司都推出了公共 jQuery 库的 CDN 服务。

使用 CDN 服务的好处是可以有效地节约下载时间，例如许多用户在访问其他站点时，已经从谷歌或微软加载过 jQuery。当他们访问您的站点时，会从缓存中加载 jQuery，这样可以减少加载时间。同时，大多数 CDN 都可以确保当用户向其请求文件时，会从离用户最近的服务器上返回响应，这样也可以提高加载速度。

使用谷歌的 CDN 来引入的版本为 1.8.0 的 jQuery，代码如下：

```
<head>
<script src="http://ajax.googleapis.com/ajax/libs/jquery/1.8.0/jquery.min.js">
</script>
</head>
```

（2）jQuery 基础语法

jQuery 的选择机制构建于 CSS 的选择器，它提供了快速查询 DOM 文档中元素的能力，而且大大强化了 JavaScript 中获取页面元素的方式。

jQuery 语法是为 HTML 元素的选取编制的，可以对元素执行某些操作。

基础语法是：

```
$(selector).action()
```

- 美元符号 "$" 定义 jQuery；
- 选择器（selector）"查询" 和 "查找" HTML 元素；
- jQuery 的 action() 执行对元素的操作。

（3）jQuery 选择器

jQuery 选择器可用于改变 HTML 元素的 CSS 属性。如下代码选择页面中所有的<p>标签并改变其背景颜色为红色。

```
$("p").css("background-color","red");
```

jQuery 根据 CSS 中相应的选择器，来操作 HTML 页面中的节点，例如上面的例子中，$('p')该代码是使用元素选择器来选择页面中所有的<p>标签。我们还可以使用 id、类或组合选择器，甚至还可以添加:first，:last，:even，:odd 这样的后缀来匹配第一个、最后一个、偶数、奇数元素来操作 HTML 节点。如下代码是各个选择器的简单说明：

- $("#title") 选取所有 id="title" 的元素；
- $(".white") 选取所有 class=" white " 的元素；
- $("p.intro") 选取所有 class="intro" 的<p>元素；
- $("p#demo") 选取所有 id="demo" 的<p>元素；
- $(".white:first") 选取所有 class=" white " 的元素中的第一个元素。

（4）jQuery 的属性和 DOM 操作

我们通过选择器可以找到页面中的元素，接下来就是要运用 jQuery 中的各种属性操作方法来动态改变元素的内容或显示效果。

最常见的属性操作有修改元素的内容、样式等。下面举个例子，实现页面加载后改变标题 h1 的文本和样式。

```
<body>
<h1>hello world!</h1>
```

```
<script src="jquery-3.1.1.min.js"></script>
<script type="text/JavaScript">
  $(document).ready(function() {
    $("h1").html("大家好！");
    $("h1").css("color","red");
  });
</script>
</body>
```

在上面的代码中，页面只包含一个\<h1\>标签，先导入 jQuery 文件后，我们就可以使用 jQuery 类库。在使用时，要确保所有页面文档加载成功后，再使用 jQuery 中的函数，以避免出现意外情况。因此，在导入 jQuery 文件后，需要判断文档加载是否完毕。

```
<body>
<h1>hello world!</h1>
<script src="jquery-3.1.1.min.js"></script>
<script type="text/JavaScript">
  $(document).ready(function( ) {


  });
</script>
</body>
```

$("h1").html("大家好！");获取到\<h1\>标签并改变其文本为"大家好！"。

$("h1").css("color","red");获取到\<h1\>标签并改变其字体颜色为红色。

（5）jQuery 事件

事件是页面对不同访问者的响应。事件处理程序指的是当 HTML 中发生某些事件时所调用的方法。jQuery 提供了大量的事件处理方法，这些事件成为了制作页面交互功能的关键所在。

实际上，上面例子中涉及的 ready()就是一种事件，它代表了文档加载完成这一事件。当事件发生后，将执行 function 参数中的相应代码，代码如下：

```
$(document).ready(function( ) {
    //执行的代码
});
```

从上面的例子可以看出，在 jQuery 中，大多数 DOM 事件都有一个等效的 jQuery 方法，然后再通过一个内置函数实现触发事件。

例如，我们要制作一个按钮元素的单击事件，那么可以使用 click 事件(相当于原声 JavaScript 中的 onclick)，代码如下：

```
$("button").click(function() {
    alert("你单击了按钮");
});
```

常见的 DOM 事件：

鼠标事件	键盘事件	表单事件	文档/窗口事件
click	keypress	submit	load
mouseover	keydown	change	ready
mouseout	keyup	focus	scroll
mouseleave		blur	unload

接下来，再来完成一个鼠标经过时变换图片的事件例子。页面中显示某张图片，当鼠标经过该图片时变换成另外一张图片显示，鼠标移开后恢复原来的图片显示。要完成该功能，需要用到两个事件：mouseover 和 mouseout。具体的代码如下：

```
<body>
<img src="first.jpg" alt="鼠标经过图片" />
<script src="jquery-3.1.1.min.js"></script>
<script type="text/JavaScript">
$('img').mouseover(function( ) {
  $('img').attr("src","last.jpg");
});
$('img').mouseout(function( ) {
  $('img').attr("src","first.jpg");
});
</script>
</body>
```

（6）jQuery 效果

● 显示和隐藏效果：hide()和 show()。

hide()方法是把指定元素隐藏，show()方法则是把指定元素显示出来。而如果希望在显示或隐藏的过程是以动画的形式呈现，则需要为方法添加参数，该参数可以是一个毫秒数，以代表动画的持续时间，也可以是 jQuery 预设的三种速度：slow（慢）、normal（正常，可不写）、fast（快）。

举例 jquery_hide.html，实现两个盒子显示和隐藏，红色盒子动态隐藏，绿色盒子动态显示，具体代码如下：

```
<head>
<meta http-equiv="Content-Type" content="text/html; charset=utf-8" />
<title>Jquery 显示和隐藏</title>
<style type="text/css">
div{
    width:100px;
    height:100px;
}
```

```
#hide{
    background-color:red;
}
#show{
    background-color:green;
    display:none;
}
</style>
</head>


<body>
<div id="hide" ></div>
<div id="show"></div>
<script src="jquery-3.1.1.min.js"></script>
<script type="text/JavaScript">
$(document).ready(function(e) {
    $("#hide").hide(1000);
    $("#show").show(1000);
});
</script>
</body>
```

结构中只有两个 div 盒子，样式设置两个盒子大小为 100px，并设置其中一个为红色背景，另一个为绿色背景，需要呈现动画效果的盒子默认要设置为隐藏。

当页面加载完毕后，#hide 的 div 盒子逐渐隐藏，#show 的 div 盒子则以动画出现。隐藏和显示效果的动画都是持续 1000 毫秒的时间。

```
<script type="text/JavaScript">
$(document).ready(function(e) {
    $("#hide").hide(1000);
    $("#show").show(1000);
});
</script>
```

● 淡入淡出效果：fadeIn()和 fadeOut()

fadeIn ()方法是把指定元素淡入（逐渐的显示），fadeOut ()方法则是把指定元素淡出（逐渐隐藏）。跟前面提到的显示和隐藏效果一样，但这两个方法自带有逐渐显示和隐藏的动画效果。这两个方法也是根据参数来代表动画的持续时间，可以是一个毫秒数，也可以是 jQuery 预设的三种速度：slow（慢）、normal（正常，可不写）、fast（快）。

举例 jquery_fadeIn.html，实现两张图片的淡入，我们希望当页面加载完后，两张图片有顺序的淡入，具体代码如下：

```
<head>
```

```
<meta http-equiv="Content-Type" content="text/html; charset=utf-8" />
<title>Jquery 淡入淡出</title>
<style type="text/css">
img{display:none;}
</style>
</head>


<body>
<img id="first" src="first.jpg" alt="鼠标经过图片" />
<img id="last"  src="last.jpg" alt="鼠标经过图片" />
<script src="jquery-3.1.1.min.js"></script>
<script type="text/JavaScript">
$(document).ready(function(e) {
  $("img").each(function(index) {
    $(this).delay(index*500).fadeIn("slow");
  });
});
</script>
</body>
```

结构中只有两个<img>标签，都设置为隐藏。当页面加载完后，通过 each()方法对所有的 img 元素逐个设置淡入动画。其中 each()方法的参数将返回每个 img 元素的索引值，如第一个 img 元素的 index 为 0，第二个 img 元素的 index 为 1，以此类推。然后使用 delay()方法使 img 元素淡入的动画延迟，第一个延迟 0 毫秒，第二个则为 $1 \times 500 = 500$ 毫秒，以此形成有序淡入的效果。

```
$("img").each(function(index) {
    $(this).delay(index*500).fadeIn("slow");
  });
```

第一个选择 $("img")是获取页面中所有的 img 元素，第二个选择器$(this)代表的是当前执行函数的 HTML 元素，即每一个 img 元素本身。

● 滑动效果：slideUp()和 slideDown()

slideUp ()方法是把指定元素伸展，slideDown ()方法则是把指定元素压缩。经常用于一些网页菜单或选项卡中。跟前面提到的显示和隐藏效果一样，但这两个方法自带有逐渐伸展和压缩的动画效果。这两个方法也是根据参数来代表动画的持续时间，可以是一个毫秒数，也可以是 jQuery 预设的三种速度：slow（慢）、normal（正常，可不写）、fast（快）。

举例 jquery_slideUp.html，实现下拉菜单的效果，我们希望当页面加载完后，鼠标经过"点我滑下面板"面板时，"面板内容"的面板向下伸展，鼠标移开时，面板压缩，相当于隐藏，具体代码如下：

```
<head>
<meta http-equiv="Content-Type" content="text/html; charset=utf-8" />
```

```html
<title>Jquery 伸展和压缩</title>
<style type="text/css">
#panel,#flip
{
    padding:5px;
    text-align:center;
    background-color:#e5eecc;
    border:solid 1px #c3c3c3;
}
#panel
{
    padding:50px;
    display:none;
}
</style>
</head>

<body>
<div id="flip">点我滑下面板</div>
<div id="panel">面板内容</div>
<script src="jquery-3.1.1.min.js"></script>
<script type="text/JavaScript">
$(document).ready(function(e) {
  $("#flip").mouseover(function(){
    $("#panel").slideDown("slow");
  });
$("#flip").mouseout(function(){
    $("#panel").slideUp("slow");
  });
});
</script>
</body>
```

结构中有两个<div>标签,一个 id 为 flip, 作为鼠标经过的按钮, 另一个 id 为 panel, 作为菜单面板, 菜单面板设置为隐藏。当页面加载完后, 通过触发 div#flip 的两个事件: 鼠标经过和移开, 实现面板的显示和隐藏。

```javascript
$("#flip").mouseover(function(){
    $("#panel").slideDown("slow");
  });
$("#flip").mouseout(function(){
```

```
        $("#panel").slideUp("slow");
    });
```

4．其他开源类库简介

除了 jQuery 外，还有其他的一些开源类库，下面我们简单列举两种也是最常用的开源类库：jQuery Mobile 和 BootStrap。

（1）开发移动端站点的 jQuery Mobile 开源类库简介

当今，jQuery 驱动着 Internet 上的大量网站，在浏览器中提供动态用户体验，促使传统桌面应用程序越来越少。现在，主流移动平台上的浏览器功能都赶上了桌面浏览器，因此 jQuery 团队引入了 jQuery Mobile（或 JQM）。JQM 的使命是向所有主流移动浏览器提供一种统一体验，使整个 Internet 上的内容更加丰富——不管使用哪种查看设备。

JQM 的目标是在一个统一的 UI 中交付超级 JavaScript 功能，跨最流行的智能手机和平板电脑设备工作。与 jQuery 一样，JQM 是一个在 Internet 上直接托管、免费可用的开源代码基础。事实上，当 JQM 致力于统一和优化这个代码基础，jQuery 核心库受到了极大关注。这种关注充分说明，移动浏览器技术在极短的时间内取得了多么大的发展。

与 jQuery 核心库一样，开发计算机上不需要安装任何东西，只需将各种*.js 和*.css 文件直接包含到 Web 页面中即可。

简单来说，jQuery Mobile 是针对智能手机和平板电脑开发的，并且对触摸事件进行优化的浏览器页面框架。jQuery Mobile 具有统一的 UI，其 UI 系统覆盖了所有主流的移动终端平台，它建立在 jQuery 和 jQuery UI 坚实的基础上。它的轻量级的代码被很好地增强改进，能够进行灵活地、简单地设计开发。

（2）前端开发框架 Bootstrap 简介

Bootstrap，是目前很受欢迎的前端框架。Bootstrap 是基于 HTML、CSS、JavaScript 的，它简洁灵活，使得 Web 开发更加快捷。它由 Twitter 的设计师 Mark Otto 和 Jacob Thornton 合作开发，是一个 CSS/HTML 框架。Bootstrap 提供了优雅的 HTML 和 CSS 规范，它即是由动态 CSS 语言 Less 写成。Bootstrap 一经推出后颇受欢迎，一直是 GitHub 上的热门开源项目，包括 NASA 的 MSNBC（微软全国广播公司）的 Breaking News 都使用了该项目。国内一些移动开发者较为熟悉的框架，如 WeX5 前端开源框架等，也是基于 Bootstrap 源码进行性能优化而来。

Bootstrap 提供了一系列灵活的布局方式，针对网页中常见的元素准备了一套丰富而全面的组件，如菜单、按钮、进度条、提示框等，并且通过集成一系列 jQuery 插件，使得开发者能够方便地实现轮播图、Tab 切换等交互效果。简而言之，有了 Bootstrap，程序员也可以写出很美的前端页面。Bootstrap 降低了对美工的依赖。前端本不是工程师的强项，但是使用 Bootstrap 后，程序员也可以写出很有美感的前端效果了。

Bootstrap 是基于 HTML5 和 CSS3 开发的，它在 jQuery 的基础上进行了更为个性化和人性化的完善，形成一套自己独有的网站风格，并兼容大部分 jQuery 插件。

Bootstrap 好处体现在以下几点。

● 移动设备优先：自 Bootstrap 3 起，框架包含了贯穿于整个库的移动设备优先的样式。

● 浏览器支持：所有的主流浏览器都支持 Bootstrap。

- 容易上手：只要您具备 HTML 和 CSS 的基础知识，您就可以开始学习 Bootstrap。
- 响应式设计：Bootstrap 的响应式 CSS 能够自适应于台式机、平板电脑和手机。更多有关响应式设计的内容详见 Bootstrap 响应式设计。
- 它为开发人员创建接口提供了一个简洁、统一的解决方案。
- 它包含了功能强大的内置组件，易于定制。
- 它还提供了基于 Web 的定制。
- 它是开源的。

Bootstrap 包含的内容：

- 基本结构：Bootstrap 提供了一个带有网格系统、链接样式、背景的基本结构。
- CSS：Bootstrap 自带以下特性，全局的 CSS 设置、定义基本的 HTML 元素样式、可扩展的 class，以及一个先进的网格系统。这将在 Bootstrap CSS 部分详细讲解。
- 组件：Bootstrap 包含了十几个可重用的组件，用于创建图像、下拉菜单、导航、警告框、弹出框等。这将在布局组件部分详细讲解。
- JavaScript 插件：Bootstrap 包含了十几个自定义的 jQuery 插件。您可以直接包含所有的插件，也可以逐个包含这些插件。这将在 Bootstrap 插件 部分详细讲解。
- 定制：可以定制 Bootstrap 的组件、LESS 变量和 jQuery 插件来得到您自己的版本。

知识点七：Web 标准常见问题

目前 Web 标准大潮已经席卷了国内外的网站设计领域，几乎所有的网站都在做 Web 标准。在讲解如何制作 Web 标准网站之前，先向大家介绍一下 Web 标准常见的一些问题，以帮助大家了解什么才是 Web 标准、Web 标准的好处。

1. 什么样的网站才叫符合 Web 标准？

一个符合 Web 标准的网站，首先得要实现结构和表现分离。并且使得结构页面和样式文档都能通过 W3C 的代码校验。W3C 提供了一个校验网站脚本各方面语法的程序，地址可以到 W3C 的官网(https://www.w3.org)查询，例如检测 HTML 页面标准的网址为 https://validator.w3.org/check。目前它的程序提供了 HTML，XHTML，CSS，RDF，P3P，XML 等多种标记语言的校验工具，如果使用这些语言来组成网站的程序，那么就可以使用这些工具来进行语法校验。通过校验是学习 Web 标准的第一步，如果所制作的符合 Web 标准的网站能够通过 W3C 校验，那么证明网页在 Web 标准语法层面的使用上是没有问题的。

但是仅仅为通过 W3C 校验而设计网页是没有价值的，符合 Web 标准的另一层含义是，使用 Web 标准中的各项技术，将网站表现与内容完全分离，从根本上改变现有网站结构，为网站带来革命性变化。通过 W3C 校验，是学习与测试自己对 Web 标准语法掌握的基础，而真正需要符合 Web 标准，还得不断学习与提高网站架构设计方面的经验，实现网站结构与内容的分离。

2. 只要使用了 DIV+CSS 制作的网页就是符合 Web 标准吗？

这个答案是否定的。我们说制作 Web 标准网站就是要实现结构和表现分离，但是并不代表只要表现和结构分离，或者只要使用 DIV+CSS 技术制作的网站就是符合 Web 标准。

如果制作者仍然用表格布局的思维来套 div，那么相当于原先用到 table 的地方，现在变成 div 标签，整个页面中充斥着 div 的层层嵌套，甚至为每个 div 都单独定义了 id 或 class。这样的页面看起来好像也是结构和表现分离，都是使用标准语言实现网页设计，但是整个网站结构和表现的代码都冗余臃肿，到处滥用 div 嵌套以及 id 和 class。这种做法是违背 Web 标准思想的，也是我们所不提倡的做法。

还有一种情况是用各种纷繁复杂的 div 嵌套和 CSS 语句来实现你所想要的表现。例如，一些"不用切图的而且兼容的页面圆角框"制作的页面。首先我想肯定的是这个创意确实很不错，使用 CSS 功能将圆角"画"出来，不需要用切图那么麻烦，还无需考虑浏览器是否兼容 CSS3 的问题。但是，要完成这样的效果，设计者必须在相应的位置加上一大段如下的代码：

```
<b class="b1"></b><b class="b2"></b><b class="b3"></b><b class="b4"></b>
<b class="b4"></b><b class="b3"></b><b class="b2"></b><b class="b1"></b>
```

但是，这里严重违反了 Web 标准的结构与表现分离的基本思想。因为它将用于控制网页表现的代码放在结构文档中，而且还添加一些与网页结构无关的标签，如<b>标签，它们都是一些空标签。也就是说，它的存在并不是为了将某些内容放在文档结构需要的位置。因此，它们对于文档结构来说只是一些废代码。

3. 如何制作网站才符合 Web 标准?

要想制作出符合 Web 标准的网站，光是理解概念还是不够的，必须要在不断的实践中掌握技巧，在不断学习中提高网站架构设计方面的经验。下面简单介绍两点制作 Web 标准网站的准则。

（1）结构语义化

HTML 为我们提供了相当丰富的标签，每个标签都有它各自的含义。在设计时，除了遵循 HTML 语法以外，应该充分利用并遵守各标签的"语义"。如标题文字应该包含在 h1-h6 中，大段的文字内容应该由<p>进行分段而不是
，列表项应该放在 ul 或 ol 或 dl 中，表格形式的数据应该仍然用 table 来存储。这样网页能够尽量有效地将内容的结构层次显示出来。如果全部用 div，当去掉 CSS 之后，整个网页就失去了层次，只剩下一些杂乱的文字碎片。这并不符合 Web 标准对低配置兼容性的要求。

（2）CSS 控制表现

所有网页外观都由 CSS 文件来控制，在控制样式时，不必为每块内容都建立一个 id 或 class。很多的初学者都认为 CSS 文件过大过于复杂，查看样式也很不方便。很多时候是初学者对 CSS 不熟悉或者对 Web 标准理解不够透彻，以至于在编写样式表时经常是每个块都定义了 id，每个块都单独写样式，使得整个 CSS 文件代码冗余。我们清楚网页内容是有结构的，理解表现和结构分离，相同的内容结构我们可以用同一个样式来表示，多次用到的样式可以使用 class 来定义，这样使得网页的代码得到很大的优化。

任务总结

1．了解 Web 及 Web 标准相关概念；
2．理解 Web 标准就是结构与表现分离；
3．掌握 HTML 和 CSS 基础；
4．了解如何制作符合 Web 标准的网站及一些常见的问题；
5．了解 JavaScript 和 jQuery 相关概念；
6．掌握 JavaScript 基础语法；
7．掌握 jQuery 基础语法；
8．了解其他开源类库 jQuery Mobile 和 BootStrap。

第❷章 博客类网站

任务 2-1 网站整体布局分析设计

任务目标

- 画出页面布局图；
- DIV 划分布局模块；
- 实现页面布局图。

模块知识点

- 掌握网页模块拆分；
- 学会使用 DIV 标签；
- 掌握 CSS 基本语法。

明确任务

本任务主要是完成整个博客页面的布局，从绘制布局草图到构建 HTML 结构和设置 CSS 样式，最终完成的效果如图 2-1 所示。

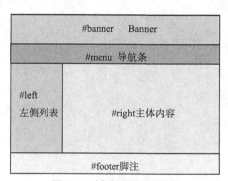

图 2-1 博客页面布局图

任务解析

如今网络上的个人博客站点很多，一般个人的博客首页包括体现自己风格的 Logo、

banner、导航条和文章列表，以及最新的几篇文章都会显示在首页上，考虑到实际的内容较多，一般都采用传统的排版模式。传统的排版模式一般把整个页面划分为 3 大部分：头部 header、主体 main 和尾部脚注 footer，然后再根据网站的实际需求把 header 和 main 部分进行细划分。本网站的布局就是按照传统的排版方式进行划分的，然后再具体对 header 部分划分为 banner 和导航条 menu；main 部分划分为左侧列表 left 和主体内容 right；尾部部分的脚注划分为 footer。

任务实现

　　下面开始构建博客页面的整体布局。根据任务解析得到该页面被划分为 5 个块（也称为 5 个盒子），分别是 banner、menu、left、right 和 footer，left 和 right 合成 main 块，最外层包含一个 box 块，划分效果图如图 2-2 所示，接着绘制布局草图如图 2-3 所示。

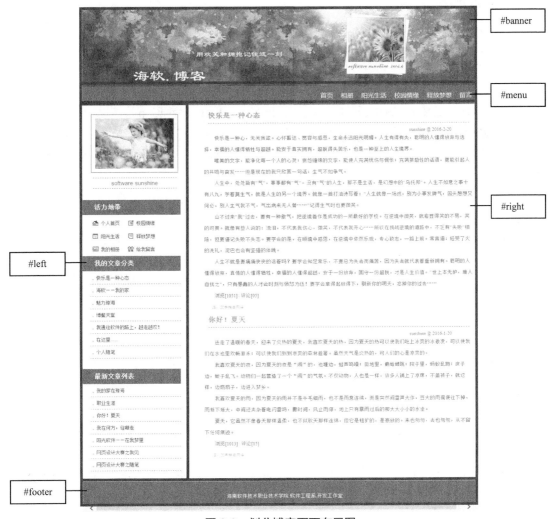

图 2-2　划分博客页面布局图

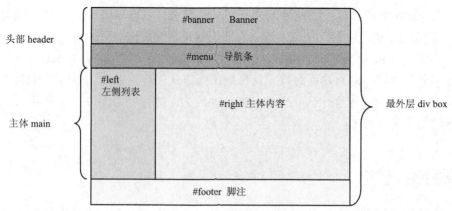

图 2-3　博客页面布局草图

完成页面布局图的划分后，接着进行构建 HTML 结构和 CSS 样式的设置。

1．构建 HTML 结构

在 HTML 中是通过<div>标签来划分各个布局图中的块或者盒子的。因此，要实现博客页面布局图，读者应对<div>标签有更深入的认识。

（1）<div>标签的定义

● <div>标签是一对双标签，<div>…</div>。

● <div>可定义文档中的分区、块、节或盒子（division/section）。

● <div>标签可以把文档分割为独立的、不同的部分。它可以用作严格的组织工具，并且不使用任何格式与其关联。如果用 id 或 class 来标签 div，那么该标签的作用会变得更加有效。

（2）<div>标签的用法

div 是一个块级元素。这意味着它的内容会自动地开始一个新行。实际上，换行是 div 固有的唯一格式的表现。div 盒子是透明的，需要通过 div 的 class 或 id 应用额外的样式。

```
<!--用内嵌 CSS 设置 div 盒子里的文本颜色为红色 -->
<div style="color:# FF FF00">
  <h3>标题</h3>
  <p>这是文章段落部分</p>
</div>
```

构建 HTML 结构的具体实现步骤如下。

STEP 1　规划站点结构。在某一盘符中新建一个文件夹作为站点文件夹，例如，在 D 盘中建立一个 root 文件夹作为站点文件夹，并在 root 中建立一个名为 blog 文件夹，用于存储该网站的所有文件，接着在 blog 文件夹中再新建一个名为 images 文件夹用于存储网站的图片。

STEP 2　创建本地站点。打开 Dreamweaver CS6，选择菜单"站点"→"新建站点"命令，弹出"设置站点对象"对话框，输入站点名称为 site，本地站点文件夹为 D:\root\ ，单击"确定"按钮完成站点的建立。

STEP 3　新建一个空白网页。将新建的空白网页保存到 D:\root\blog\文件夹中，并命名为 index.html。

STEP 4 打开编码模式。根据布局图以及所讲的知识，可以得出用 div 划分布局模块的 HTML 结构，如下：

```html
<div id="box">
    <div id="banner"></div>
      <div id="menu"></div>
      <div id="main">
        <div id="left"></div>
        <div id="right"></div>
      </div>
      <div id="footer"></div>
</div>
```

STEP 5 按 "F12" 快捷键在浏览器中浏览。按 "F12" 快捷键在浏览器中浏览时，会发现浏览器将显示的是一个空白页面，这是因为在 HTML 结构中并没有包含任何的网页元素，只有<div>标签，而<div>标签是一个透明的盒子，如果盒子里不包含任何内容时，将显示的是空白。

2. 设置 CSS 样式

为了使<div>标签显示它本身固有的块的本质，从而实现布局效果，需要设置 CSS 样式。

① 创建 CSS 文件。新建一个 CSS 文件，保存到 D:\root\blog\的文件夹中，并命名为 style.css，以下代码将在 style.css 文件中完成。

② 设置最外层<div>的样式。本例将页面中的所有内容都放在 id 为 box 的<div>标签中，需要为其设置宽度并居中显示。通过观察效果图，发现页面中最宽的元素就是顶部的 banner 图片，因此将主体页面的宽度设置与该图片的宽度一致。通过查看图片属性得知其宽度是 1024px。

```css
#box{
    width:1024px;           /*设置 id 为 box 的<div>标签(即主体)宽度为 1024px*/
    height:1339px;          /*设置高为 1339px，后面添加上内容后会把高度删除*/
    margin:0 auto;          /*设置 id 为 box 的<div>标签(即主体)左右居中显示*/
    background-color:#FFF;  /*设置 id 为 box 的<div>标签的背景色为白色*/
}
```

 提示   当为最外层的<div>标签设置了宽度后，里面嵌套的<div>标签都统一为相同的宽度；页面居中对齐也一致。所以，设置最外层<div>标签的宽度、居中对齐及背景色，可以使整个页面统一。

③ 设置 id 为 banner 的 div 样式。该 div 仅包含 banner 图片元素，因此只需设置高和宽与 banner 图片的高和宽一致即可，宽度和 box 宽度一致时，可省略不写。

```css
#banner{
```

```
    height:209px;               /*设置id为banner的<div>标签的高度为209px */
    background-color:#66CCFF;   /*设置id为banner的<div>标签的背景色为淡蓝色*/
}
```

提示

　　　　为了比较直观地观看到各个 div 块的排版，这里给所有的 div 块都添加了有颜色的背景，此背景只作为讲解知识时用，最后需要去除。

④ 设置 id 为 menu 的 div 样式。该 div 仅包含页面导航条元素，需要设置高和行高都为 50px，设置行高与高度一致，是使导航条文本能够实现垂直居中显示。

```
#menu{
    height:50px;                /*设置高度为50px */
    line-height: 50px;          /*设置行高为50px，实现垂直居中 */
    background-color: #CC99CC;  /*设置背景色为淡紫色*/
}
```

⑤ 设置主体部分的 id 为 main 的 div 样式。该 div 中又嵌套包含 id 为 left 和 id 为 right 的 div。left 的 div 主要是包含博客公告列表等信息，right 的 div 主要是包含最新的新闻或日志等信息，两个 div 并列显示在 main 的 div 左右两边。在前面构建 HTML 结构中得知，<div>标签是块元素，换行是它的特点，那么若想把两个 div 并排，则需设置其浮动 float，后续会详细讲解该知识，在本案例中大家只需要知道设置浮动可以使两个 div 并排显示，且还需设置 left 和 right 两块的宽度总和不能超过 main 块的宽度，如 left 宽度为 250px，right 为 774px，即 250px+774px=1024px（main 的宽度，默认就是 box 的宽度）。

```
#main{
    height:1000px;              /*设置高度为1000px ，后面添加上内容后会把高度删除*/
}
#left{
    height: 1000px;             /*设置高度为1000px */
    width:250px;                /*设置宽度为250px */
    background-color: #FF9933;  /*设置背景色为橘红色*/
    float:left;                 /*设置向左浮动*/
}
#right{
    height:1000px;              /*设置高度为1000px */
    width:774px;                /*设置宽度为774px，宽度计算:1024-250=774px */
    background-color: #CCFF66;  /*设置背景色为淡青色*/
    float:left;                 /*设置向左浮动*/
}
```

⑥ 设置页面底部 id 为 footer 的<div>样式，设置高和背景色。在主体部分的两个<div>中都用到了向左浮动，为了不影响底部<div>的显示效果，能在多个浏览器中兼容，我们为 footer 的<div>设置清除浮动，clear:left。

```
#footer{
    height:80px;                    /*设置高度为80px */
    background-color: #FFCC00;      /*设置背景色为黄色*/
    clear:left;                     /*清除向左浮动*/
}
```

提示

为了让读者更容易理解网站的制作过程，我们在编码过程中遵循以下三个原则：

（1）先结构后样式。先构建好结构再来设置样式；

（2）从外到内。不管是构建 HTML 结构还是设置 CSS 样式，都先从最外层的 div 先写，后到嵌套的<div>；

（3）从上到下。不管是构建 HTML 结构还是设置 CSS 样式，都遵循网页制作中普通流的原则，从上往下写结构和设置样式。

⑦ 链接 CSS 文件。设置 CSS 样式完成后，保存，要把 CSS 作用于 HTML 结构，就要在 HTML 结构中链接 CSS 文件，在<head></head>标签中添加以下<link>标签语句，具体代码如下：

```
<head>
<link rel="stylesheet" href="style.css" type="text/css" />
</head>}
```

⑧ 测试预览效果，可按"F12"快捷键，效果如图2-4所示。

图 2-4　博客页面布局测试预览图

★★ 支撑知识点

（1）使用 CSS 控制页面

① 内联样式表。在相关的标签内使用样式（style）属性。style 属性可以包含任何 CSS 的属性。由于要将表现和内容混杂在一起，内联样式会损失掉样式表的许多优势，请慎用这种方法。例如，当样式仅需要在一个元素上应用一次时可以使用。我们在本书中讲的是制作的网页要符合 Web 国际标准，指的就是 HTML 结构和 CSS 样式分开，利于页面的维

护等，因此建议使用后面的方式导入样式表。

```
<p style="color: red; margin-left: 20px">
    这是一个段落。
</p>
```

② 内部样式表。内部样式是把 CSS 代码嵌入在 HTML 文件的<head></head>标签之间。当单个文档需要特殊的样式时，就应该使用内部样式表。我们可以使用 <style> 标签在文档头部定义内部样式表。

```
<head>
<style type="text/css">
  hr {color: sienna;}
  p {margin-left: 20px;}
  body {background-image: url("images/back40.gif");}
</style>
</head>
```

③ 外部样式表。外部样式表是把 CSS 文件单独放置在.CSS 文件中，从 HTML 文件中分离出来。使用外部样式表的情况下，我们可以通过改变一个文件来改变整个站点的外观。每个页面使用 <link> 标签链接到样式表，<link> 标签在（文档的）头部。

```
<head>
<link rel="stylesheet" type="text/css" href="mystyle.css" />
</head>
```

浏览器会从文件 mystyle.css 中读到样式声明，并根据它来格式文档。外部样式表可以在任何文本编辑器中进行编辑。文件不能包含任何的 HTML 标签。样式表应该以 .css 扩展名进行保存。下面是一个样式表文件的例子。

```
p {margin-left: 20px;}
body {background-image: url("images/back40.gif");}
```

注意　不要在属性值与单位之间留有空格。假如你使用 "margin–left: 20 px" 而不是 "margin–left: 20px"，它仅在 IE 6 中有效，但是在 Mozilla/Firefox 或 Netscape 中却无法正常工作。

④ 多重样式。如果某些属性在不同的样式表中被同样的选择器定义，那么属性值将从更具体的样式表中被继承过来。一般级别是：内联样式→内部样式→外部样式，内联样式级别最高，优先起作用。

（2）CSS 基本语法

CSS 的语法结构由 3 部分组成：选择器、属性、值。使用方法如下：

```
selector {Property: value}
```

选择器通常是需要改变样式的 HTML 元素。每条声明由一个属性和一个值组成。属性（property）是我们希望设置的样式属性（style attribute）。每个属性有一个值，属性和值用冒号分开，如图 2-5 所示。

图 2-5　CSS 声明图

（3）CSS 选择器

选择器是 CSS 中很重要的概念，所有 HTML 语言中的标签都是通过不同的 CSS 选择器进行控制的。用户只需要通过选择器对不同的 HTML 标签进行控制，并赋予各种样式声明，即可实现各种效果。

① 标签选择器：指以网页中已有的标签类型作为名称的选择器。

```
p { font-size:14px; width:120px; }
a { text-decoration:none; }
```

② id 选择器。可以为标有特定 id 的 HTML 元素指定特定的样式。id 选择器以 "#" 来定义。

下面有两个 id 选择器，第一个可以定义元素的颜色为红色，第二个定义元素的颜色为绿色。

```
#color1 {color:red;}
#color2{color:green;}
```

下面的 HTML 代码中，id 属性为 color1 的 p 元素显示为红色，而 id 属性为 color2 的 p 元素显示为绿色。

```
<p id="color1">这个段落是红色。</p>
<p id="color2">这个段落是绿色。</p>
```

注意　id 属性只能在每个 HTML 文档中出现一次。

在现代布局中，id 选择器常常用于建立派生选择器。

```
#sidebar p {font-style: italic;text-align: right;}
```

上面的样式只会应用于出现在 id 是 sidebar 的元素内的段落。这个元素很可能是 div 或者是表格单元，也可能是一个表格或者其他块元素。

即使被标注为 sidebar 的元素只能在文档中出现一次，这个 id 选择器作为派生选择器也可以被使用很多次：

```
#sidebar  p {font-style: italic;text-align: right;}
#sidebar  h2 {font-style: italic;text-align: right;}
```

在这里，与页面中的其他 p 元素明显不同的是，sidebar 内的 p 元素得到了特殊的处理。同时，与页面中其他所有 h2 元素明显不同的是，sidebar 中的 h2 元素也得到了不同的特殊处理。

③ 类选择器。在 CSS 中，类选择器以一个点号显示。

```
.mid{text-align: center}
```

在上面的例子中，所有拥有 mid 类的 HTML 元素均为居中。

在下面的 HTML 代码中，h1 和 p 元素都有 mid 类。这意味着两者都将遵守 ".mid" 选择器中的规则。

```
<h1 class="mid">
    This heading will be center-aligned
</h1>
<p class="mid">
    This paragraph will also be center-aligned
</p>
```

类名的第一个字符不能使用数字！它无法在 Mozilla 或 Firefox 中起作用。

和 id 一样，class 也可被用作派生选择器。

```
.fancy p {color: #f60;background: #666;}
```

在上面这个例子中，类名为 fancy 的更大的元素内部的段落标签都会以灰色背景显示橙色文字（名为 fancy 的更大的元素可能是一个表格或者一个<div>）。

元素也可以基于它们的类而被选择。

```
h1.mid {color: #f60;background: #666;}
```

在上面的例子中，类名为 mid 的标题 1 将是带有灰色背景的橙色，且居中显示。

④ 包含选择器。包含选择器是根据 HTML 结构中体现的父子关系或上下文关系来定义标签的样式。如：

```
<ul>
    <li>子元素 1</li>
    <li>子元素 2</li>
</ul>
```

上面 HTML 结构，ul 无序列表标签嵌套两个子元素 li 标签，在 DOM 树结构中，li 相当于 ul 的枝丫，因此把 ul 称为 li 的父级标签，li 称为 ul 的子标签。在 CSS 中有一种重要的特征叫做继承，继承就发生在这样的父与子的关系中。当我们设定父级元素 ul 样式时，它所有的子元素将继承它的所有样式。若我们只想设置父级元素下的某个子元素的样式，可以使用包含选择器，通过逗号隔开，代码如下：

```
ul li{color:blue;} /*表示在 ul 下的所有 li 元素都具有字体颜色为蓝色的样式*/
```

包含选择器还可使用类或 id 选择器结合操作，还可以多级别设置，如：

```
#box ul li a{color:blue;}  /*表示在div#box下的所有ul后的li后的<a>标签的样式*/
```

⑤ 通配符选择器。在页面中,继承是无处不在的,如文字大小、字体颜色、边距等方方面面都存在着继承。继承的一个很有用的方面就是可以极大程度地精简代码,提高工作效率。例如,浏览器对于 ul、ol、dl 等列表有着默认的边距缩进,几乎所有的页面都重写这一边距,否则会影响页面效果。如果没有继承这一特性,各个列表的边距将分别一一定义。可想而知,光是定义这一边距,就要编写大量的代码,代码将变得非常冗余。而继承则可以大大地简化这些代码,通过通用选择器来完成所有边距的设置。

通用选择器一般是对页面上的所有元素应用样式。 以*为选择符,如:

```
*{margin:0; padding:0; }              /*清除所有元素的内外边距*/
```

⑥ 群组选择器。群组选择器也是为了精简代码,提高效率,其可以将具有相同样式的 HTML 标签、类、id 放置在一个声明中定义,用逗号进行区分,代码如下:

```
h1,h2,p{color:red;}                   /*h1、h2、p都具有字体颜色为红色的样式*/
p,#menu,.nav{color:blue;}
/*p、id为menu、类为nav的所有标签都具有字体颜色为蓝色的样式*/
```

任务总结

1. 学会画布局框架图;
2. 根据框架给出 DIV 结构代码;
3. 掌握 CSS 基本语法。

任务 2-2　导航与 Banner 的实现

任务目标

● 展示 Banner 图片;
● 实现横式导航条。

模块知识点

● 学会图片、超链接、列表标签;
● 掌握 CSS 控制背景、超链接、列表样式等语法。

明确任务

本任务主要是完成整个博客页面的头部部分,头部包括 Banner 块和 menu 块。从构建 HTML 结构到设置 CSS 样式,最终完成的效果如图 2-6 所示。

图 2-6　博客头部效果图

任务解析

根据效果图可以看出，页面头部包含 Banner 展示和导航条，划分的布局不同，实现的方法也就不一样。可以划分为一个 div 块，也可以划分为两个 div 块。如果页面整体模块中并没有将 Banner 单独分离出来，而仅仅只有导航的#menu 块，那么可以将 Banner 与导航放在同一个 div 块中，把 Banner 图片作为该模块的背景，而导航菜单则采用绝对定位的方式进行移动，那么#menu div 模块的宽度可以为 Banner 图片的宽度，高度则要高于 Banner 图片，留出导航菜单的高度。第二种方式是划分为两个 div 块，第一个是 banner 块，利用<img>标签进行图片展示；第二块则是单独的导航条 menu 块，导航条 menu 块采用的是列表标签中的无序列表制作，并用 CSS 控制其样式，以下的描述中采用的是第二种方式来实现。

任务实现

下面开始构建博客页面的 Banner 与导航。根据任务解析得到该部分被划分为两个块，分别是 banner 和 menu，banner 包含一张图片，menu 包含横式导航条。

1. 构建 HTML 结构

在 banner 和导航条中需要用到 3 个标签：图片、超链接及列表标签，以下是对 3 个标签进行详细讲解。

（1）<img>标签的定义和用法

- <img>标签是属于单标签，<img/>。
- <img>标签是向网页中嵌入一幅图像。
- <img>标签有两个必要的属性：src 属性和 alt 属性。

src 属性的值是图像文件的 URL，也就是引用该图像的文件的绝对路径或相对路径，绝对路径一般用于引用网络图像，若图像是存于本地站点内，则使用的是相对路径。alt 属性是当图像无法显示时的替代文本。我们建议推荐在文档的每个图像中都使用这个属性。这样即使图像无法显示，用户还是可以看到关于丢失了什么东西的一些信息。而且对于残疾人来说，alt 属性通常是了解图像内容的唯一方式。

```
<img  src="images/tree.jpg"  alt="海南三亚湾海景图片" />
```

如果图片无法显示时，浏览器将显示替代文本，如图 2-7 所示。

（2）<a>标签的定义和用法

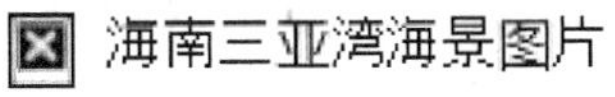

● <a>标签是一对双标签，<a>…</a>。

海南三亚湾海景图片

图 2-7 alt 属性效果

● <a>标签称为超链接标签，用于从某一页面跳转到另一页面，也可以在同一页面中不同位置的跳转。

● <a>标签最重要的属性是 href，它指示链接的目标，若没有具体的链接目标，则可以使用"#"表示空链接。

```
<a href="http://www.baidu.com">百度</a>    <!--站外链接-->
<a href="list.html">列表页</a>                <!--站内链接-->
<a href="#">阳光生活</a>                     <!--空链接-->
<a href="#mulu">目录</a>                      <!--页面内链接，链接到锚记为目录的地方显示-->
```

（3）列表标签的用法

列表标签分为无序列表、有序列表、定义列表三种。无序列表和有序列表又被称为项目列表，无序列表使用粗体圆点（典型的小黑圆圈）对项目进行标记，而有序列表使用数字对项目进行标记，两者之间可以通过 CSS 进行互相转换。

```
<!--有序列表-->
<ol>
        <li><a href="#">阳光生活</a></li>
        <li><a href="#">校园情缘</a></li>
        <li><a href="#">释放梦想</a></li>
</ol>
<!--无序列表-->
<ul>
        <li><a href="#">阳光生活</a></li>
        <li><a href="#">校园情缘</a></li>
        <li><a href="#">释放梦想</a></li>
</ul>
```

以上代码实现的效果如图 2-8 所示。

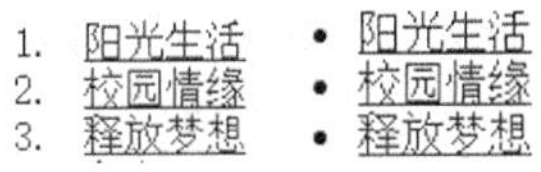

列表项内部可以使用段落、换行符、图片、链接以及其他列表等。

1. 阳光生活　• 阳光生活
2. 校园情缘　• 校园情缘
3. 释放梦想　• 释放梦想

图 2-8　有序列表和无序列表效果图

构建 HTML 结构的具体实现步骤如下。

STEP 1　存储素材。把需要用到的所有图片存储入 blog\images 文件夹中。

STEP 2　打开 blog 文件夹中的 index.html 文件，该文件的创建是在任务 2-1 中完成的，后面将不再叙述。

STEP 3　构建 banner 和 menu 块的 html 文件。根据以上分析讲解可以得出博客页面头部的 HTML 结构，代码如下：

```
<div id="banner">
        <img src="images/bg.jpg" alt="banner" />
</div>
```

```
<div id="menu">
    <ul>
        <li><a href="#">首页</a></li>
        <li><a href="#">相册</a></li>
        <li><a href="#">阳光生活</a></li>
        <li><a href="#">校园情缘</a></li>
        <li><a href="#">释放梦想</a></li>
        <li><a href="#">留言</a></li>
    </ul>
</div>
```

STEP 4 按 "F12" 快捷键在浏览器中浏览，得到效果如图 2-9 所示。

图 2-9 只有 html 结构的头部效果图

2．设置 CSS 样式

从图 2-7 中可以看出，Banner 图片无须设置任何 CSS 样式，主要是控制横式导航条的效果，即 CSS 控制 menu 块的背景、<a>标签及无序列表标签的效果显示。

（1）CSS 控制背景样式

CSS 控制背景是指通过 CSS 对对象设置背景属性，在 CSS2 中有如下 5 个重要的背景（background）属性（在支撑知识点模块有更为详细的讲解）：

● background-color: 指定填充背景的颜色；

● background-image: 引用图片作为背景；

● background-position: 指定元素背景图片的位置；

● background-repeat: 决定是否重复背景图片；

● background-attachment: 决定背景图是否随页面滚动。

提示
　　　　需要注意的是背景占据元素的所有内容区域，包括 padding 和 border，但是不包括元素的 margin。它在 Firefox, Safari ,Opera 以及 IE8 中工作正常，但是在 IE6 和 IE7 中，background 没把 border 计算在内。

（2）CSS 控制<a>标签样式

超链接标签在默认的浏览器浏览方式下，超链接统一为蓝色并且有下划线，被点击过的超链接则为紫色并且也有下划线。显然这种样式完全无法满足广大用户的需求。通过 CSS

可以设置超链接的各种属性，包括字体、颜色、下划线和背景等样式。超链接的特殊性在于能够根据它们所处的状态来设置它们的样式。

超链接利用 CSS 的伪类别来制作动态效果，具体属性设置如下：

● a:link - 普通的、未被访问的链接；
● a:visited - 用户已访问的链接；
● a:hover - 鼠标指针位于链接的上方；
● a:active - 链接被点击的时刻。

最常用的链接状态是 a:hover，如果无须设置其他 3 种状态的样式，我们可以直接使用 <a>标签样式控制 4 种状态相同的样式，再设置 a:hover 状态即可，如下代码参考：

```
#menu ul li a{
    text-decoration: none;          /*取消下划线*/
    font-size: 16px;                /*字体大小*/
    color: #fff;                    /*字体颜色*/
    font-family: "微软雅黑";
}
#menu ul li a:hover {               /*设置鼠标经过的超链接状态的样式*/
    color: #F60;
}
```

（3）CSS 控制无序列表标签样式

从某种意义上讲，不是描述性的文本的任何内容都可以认为是列表。在这个页面中使用列表实现横式导航条，所以无需使用列表的样式，CSS 控制列表有如下属性：

● list-style-type：列表类型；
● list-style-image：列表项图像；
● list-style-position：列表标志位置。

```
#menu ul {
    list-style-type: square;              /*无序列表中的列表项标志设置为方块*/
    list-style-image: url(example.gif);        /*使用图像作为标志*/
    list-style-position:inside;               /*设置列表内容位置为内部*/
    /*以下为上面三条代码简写*/
    list-style : url(example.gif) square inside;
}
```

设置 CSS 样式的具体实现步骤如下。

所有的 CSS 代码都在 blog 文件夹中 style.css 文件中完成。

STEP 1 由于无序列表标签自带有缩进格式，必须要清除这个空白的间距，否则会使得布局错乱。为了防止还会有其他标签也自带缩进间距，我们在 CSS 文件开头即#box 样式前面添加*选择器（控制所有标签），把所有的标签空白先清除，有需要间距的再重新添加。

```
*{
    margin:0;                  /*清除外边距 */
```

```
    padding:0;                        /*清除内边距*/
}
```

STEP 2 设置 banner 和 menu 块的高度和背景，宽度为 100%，与 box 一致，可以不需
要设置，banner 高度与图片高度一致，导航条设置 50px 的高度和一个有颜色
的背景。

```
#banner {
    height: 209px;
}
#menu {
    height: 50px;
    background-color: #328048;
}
```

提示　　　在本任务中，已无需使用任务 2-1 中设置的各个模块背景色，因此，
这里将统一删除掉所有块的背景色，有需要背景色的再重新设置。

STEP 3 设置无序列表父级标签 ul 样式。无序列表标签自带有列表项目符号，先要清
除列表项目符号，宽度自行调整，高度需要设置与父级框 menu 高度一致为
50px，为了使得无序列表进行垂直居中显示，设置行高与高度一致为 50px，
且整个导航条向右浮动。

```
#menu ul{                    /*包含选择器：控制 menu 块里的所有 ul 标签样式*/
    list-style: none;        /*取消列表项目符号*/
    width:430px;
    height:50px;
    line-height: 50px;       /*设置行高为 50px，实现单行垂直居中*/
    margin-right: 10px;      /*与右边 menu 块间距为 10px*/
    float: right;            /*向右浮动*/
}
```

提示　　　代码编写的顺序仍然按照从外到内、从上到下的原则。即要编写 menu
块里的子标签 ul 代码的话，该代码块将紧跟在 menu 块代码后面编写。后
面将不再赘述。

STEP 4 设置无序列表的子标签 li 样式。ul 表示整个无序列表块，li 表示元素标签，
属于块级元素（自带换行效果），要想所有 li 元素都在一行显示，需设置所有
li 元素进行浮动效果，每个元素之间设置一定的间距，效果更好。

```
#menu ul li{              /*包含选择器：控制 menu 块里的所有 ul 标签里的所有 li 标签样式*/
    float: left;          /*向左浮动*/
    margin-left:20px;     /*每个元素间距左边 20px*/
}
```

STEP 5 设置<a>标签样式。<a>标签默认有 4 种状态，在本页面中只保留有两种，一种默认状态；一种是鼠标进过状态。因此，需要用一个<a>标签选择器把 4 种状态的样式进行统一，后面再设置鼠标进过状态样式进行覆盖。

```
#menu ul li a{                      /*统一<a>标签 4 种状态的样式*/
    text-decoration: none;          /*取消下划线*/
    font-size: 16px;                /*字体大小*/
    color: #fff;                    /*字体颜色*/
    font-family: "微软雅黑";         /*字体类型*/
}
/*设置鼠标经过的超链接状态的样式*/
#menu ul li a:hover{
    color: #F60;
}
```

STEP 6 测试预览效果，按"F12"快捷键，效果如图 2-10 所示。

图 2-10　博客页面头部完整图

★★ 支撑知识点

1. CSS3 中背景的基本属性

（1）background-color 属性用纯色来填充背景。背景颜色可以有多种表示方式，可以用颜色关键词、使用组合了红、绿、蓝颜色值（RGB）的十六进制（hex）表示法进行定义，直接给定 rgb（50,128,72）的值。在 css3 中新添加了一种方法 rgba（50,128,72,1），该方法是在 rgb 的基础上添加了最后一个值，表示的是颜色的透明度，从 0 到 1，0 表示完全透明，1 表示完全不透明。

```
/*以下方式都得到相同的结果*/
background-color: blue;
background-color: #328048;
background-color: rgb(50,128,72);
background-color:rgba(50,128,72,1);
```

（2）background-image 属性允许指定一个图片展示在背景中。可以和 background-color 连用，因此，如果图片不重叠，图片覆盖不到的地方都会被背景色填充。但需要记住，背景的相对路径是相对于样式表的。

```
background-image: url(bg.jpg);        /*图片和样式表是在同一个目录中*/
background-image: url(images/bg.jpg); /*图片在一个名为 images 的子目录中*/
```

（3）background-repeat 属性是设置背景平铺。设置背景图片时，默认把图片在水平和垂直方向平铺以铺满整个元素。但是有时会希望图片只出现一次，或者只在一个方向平铺。

以下内容为可能的设置值和结果：

```
background-repeat: repeat;     /* 默认值，在水平和垂直方向平铺 */
background-repeat: no-repeat;  /ap*不平铺，图片只展示一次 */
background-repeat: repeat-x;   /* 水平方向平铺(沿 x 轴) */
background-repeat: repeat-y;   /* 垂直方向平铺(沿 y 轴) */
background-repeat: inherit;    /*继承父元素的 */
```

（4）background-position 属性用来控制背景图片在元素中的位置，指定的是图片左上角相对于元素左上角的位置。background-position 由两个值来表示，第一个值表示 X 轴(水平)位置，第二个值表示 Y 轴(垂直) 位置，可以用具体的数值（单位是 px）来表示，也可以用百分比或者直接用关键词来表示。在 X 轴上关键词为：left、center、right。在 Y 轴上关键词为：top、center、bottom。

```
background- position: 50px  100px;    /* 背景图片相对于原来的左上角的位置移
                                         动，向右移动 50px，向下移动 100px */
background- position: -50px  -100px;  / *向左移动 50px，向上移动 100px */
background- position: 50%  50%;       /* 图片的 50%的点与元素 50%的点对齐，
                                         居中显示 */
background- position: left  center;   / *X 轴左对齐，Y 轴居中，设置背景图片垂
                                         直居中*/
```

（5）background-attachment 属性决定用户滚动页面时图片的状态。有 3 个可用属性值，分别为 scroll(滚动)，fixed(固定) 和 inherit(继承)。inherit 单纯地指定元素继承他的父元素的 background-attachment 属性。

以上 5 个属性为 CSS3 中背景的基本属性，还可以把这几个属性合为一行，简称为简写，这样使得代码内容大大减少。在设定背景时，只需写上 background 属性，而属性值之间通过空格隔开即可，具体格式如下：

```
background-color:#FF0;
background-image: url(bg.jpg);
background-position: 50% 0 ;
background-attachment: scroll;
background-repeat: repeat-y;
/*以上代码可以合为一行*/
background: #FF0 url(bg.jpg) 50% 0 scroll repeat-y;
```

2．CSS3 中新增的背景属性

CSS3 中对背景的属性做了较多的改进，最显著的是多背景图片的选项，同时还增加了

一些新属性。但需要注意的是，不是所有的浏览器都兼容 CSS3 属性，所以用到 CSS3 特性的时候，还得要兼顾使用低版本浏览器的用户。

多背景是指对一个元素应用一个或多个图片作为背景。代码和 CSS2 中的一样，只需要用逗号来区别各个图片。第一个声明的图片定位在元素顶部，其他的图片按序在其下排列。例如该行代码：background-image: url(bg1.jpg), url(bg2.jpg);设置两张背景图，bg1.jpg 在最顶端。甚至还可以设置两张图像的其他属性，可以用简写属性 background。如下代码设置 bg1.jpg 图片向右移动 50px，向下移动 100px ，效果如图 2-11 所示。注意：小女孩图片为 bg1.jpg。

```
background: url(bg1.jpg)  50px  100px  no-repeat, url(bg2.jpg)  no-repeat;
```

图 2-11　多背景效果图

新增背景属性如下：

（1）background-size 属性规定背景图片的尺寸。在 CSS3 之前，背景图片的尺寸是由图片的实际尺寸决定的。在 CSS3 中，可以规定背景图片的尺寸，这就允许大家在不同的环境中重复使用背景图片。规定尺寸可以以像素、关键字或百分比规定尺寸。如果以百分比规定尺寸，那么尺寸是相对于父元素的宽度和高度。

- background-size: contain：缩小图片来适应元素的尺寸(保持像素的长宽比)。
- background-size: cover：扩展图片来填满元素(保持像素的长宽比)。
- background-size: 100px 100px：调整图片到指定大小。
- background-size: 50% 100%：调整图片到指定大小。百分比是相对于包含元素的尺寸的。

（2）background-origin 属性规定背景图片的定位区域。这个属性和 background-position 结合起来使用。背景图片可以放置于 content-box、padding-box 或 border-box 区域，如图 2-12 所示。

图 2-12　背景显示位置示意图

- background-origin: border-box;以边框为原点开始计算；
- background-origin: padding-box;以 padding 为原点开始计算；
- background-origin: content-box;以内容盒子为原点开始计算。

（3）background-clip 属性规定背景的绘制区域。

- background-clip: border-box;背景显示在边框内；
- background-clip: padding-box;背景显示在 padding 内，而不是边框内；
- background-clip: content-box;只在内容上显示背景，而不是在 padding 和边框内；

● background-clip: no-clip;默认值，和 border-box 一样。

（4）背景渐变色是指可以让背景在两个或多个指定的颜色之间显示平稳的过渡。在 CSS3 前，渐变色必须使用图像来实现这些效果。但是，通过使用 CSS3 渐变（gradients），可以减少下载的事件和宽带的使用。此外，渐变效果的元素在放大时看起来效果更好，因为渐变（gradient）是由浏览器生成的。

CSS3 定义了两种类型的渐变（gradients）：

● 线性渐变（Linear Gradients）：向下/向上/向左/向右/对角方向；

● 径向渐变（Radial Gradients）：由它们的中心定义。

```
#box {
  background: -Webkit-linear-gradient(red, blue); /* Safari 5.1 - 6.0 */
  background: -o-linear-gradient(red, blue);      /* Opera 11.1 - 12.0 */
  background: -moz-linear-gradient(red, blue);    /* Firefox 3.6 - 15 */
  background: linear-gradient(red, blue);     /* 标准的语法，红色向蓝色过渡*/
  background: linear-gradient(to right, red , blue);      /*从左到右渐变*/
  background: linear-gradient(to bottom right, red , blue); /* 从左上角到
                                                      右下角渐变 */
  background: linear-gradient(180deg, red, blue);   /* 使用角度线性渐变 */
}
```

提示　　　　–Webkit–，–moz–等属性值中添加的前缀，是为了浏览器兼容，后面的 CSS3 代码中将不再一一给出，只给出标准的语法，如需要详细了解浏览器兼容前缀，请自行查找资料。

线性渐变（Linear Gradients）：默认从上到下。

径向渐变（Radial Gradients）由它的中心定义。为了创建一个径向渐变，必须至少定义两种颜色结点。同时，指定渐变的中心、形状（原型或椭圆形）、大小。默认情况下，渐变的中心是 center（表示在中心点），渐变的形状是 ellipse（表示椭圆形），渐变的大小是 farthest-corner（表示到最远的角落）。

```
#box {
  background: radial-gradient(red, green, blue);          /* 颜色均匀分布 */
  background: radial-gradient(red 5%, green 15%, blue 60%);   /* 颜色不均
                                                      匀分布 */
  background: radial-gradient(circle, red, yellow, green);   /* 形状为圆
                                                   形径向渐变*/
}
```

任务总结

1. 掌握图像 img、超链接 a、列表等标签的使用；

2. 掌握 CSS 控制背景、超链接、列表标签的样式；

3. 熟练制作横式导航条；

4. 了解 CSS3 中新增的背景属性。

任务 2-3　左侧列表的实现

任务目标

● 展示自定义图片；

● 实现列表展示。

模块知识点

● 掌握标题和<span>标签的使用；

● 掌握盒子模型、CSS3 圆角框。

明确任务

本任务主要是完成博客页面的左侧列表部分，左侧列表 left 块包含在 main 块中，从上往下分解，主要是图片展示、活力地带和列表展示等 3 大块。从构建 HTML 结构到设置 CSS 样式，最终完成的效果如图 2-13 所示。

图 2-13　博客左侧列表效果图

任务解析

根据效果图可以看出，左侧列表可以划分为 3 大块，一块为图片展示，图片展示中包含一张图片和文本；一块为活力地带，其包含标题和列表；另一块为文章列表展示。活力地带和列表展示块中的标题样式一致，可以设置一个类样式来实现。

任务实现

下面开始构建博客页面左侧列表。根据任务解析得到该部分 left 块划分为 3 块，分别是 zuozhe、huoli 和 list。那么下面我们构建其 HTML 结构和 CSS 样式。

1. 构建 HTML 结构

在左侧列表中需要用到的新标签是标题和<span>标签，以下是对这两个标签的详细讲解。

（1）标题标签的定义和用法

● h1~h6 标签是属于双标签，如标题 1 标签：<h1>…</h1>。

● <h1> 定义最大的标题，<h6> 定义最小的标题。

由于 h 元素拥有确切的语义，因此需要慎重选择恰当的标签层级来构建文档的结构。在 HTML 4.01 中，h1 ~ h6 元素的"align"属性不被推荐使用。

（2）<span>标签的定义和用法

● <span>标签是一对双标签，<span>…</span >。

● <span>标签是一个没有语义的标签，没有固定的格式表现。

● <span>标签属于行内元素，即不带换行效果。

如果不对 span 应用样式，那么 span 元素中的文本与其他文本不会有任何视觉上的差异。

构建 HTML 结构的具体实现步骤如下：

在任务 2-2 基础上完成以下代码。

STEP 1 打开 blog 文件夹中的 index.html 文件，找到 id 为 left 的 div 块，根据分析在该块中再添加 3 个 div 块，id 分别为：zuozhe、huoli、list。在设置这些 div 块时可以选择用 id 也可以用 class，用 id 选择器是表示它们的样式是唯一的，而 class 选择器则表示多个块可同时选用同一个类样式。

```html
<div id="left">
    <div id="zuozhe"></div>
    <div id="huoli"></div>
    <div id="list"></div>
</div>
```

STEP 2 构建 id 为 zuozhe 的 div 块 html。该 div 主要包含图片和文本，这里的文本用 span 标签包含。

```
<div id="zuozhe">
    <img src="images/baby.jpg" alt="个人作者相片" title="个人作者相片" />
    <span>software sunshine</span>
</div>
```

STEP 3 构建 id 为 huoli 的 div 块的 html。该 div 主要包含标题、图片和列表标签。根据文本字体大小,选择 h5 作为标题标签,活力地带和文章列表里的标题样式都是一样的,因此,这里给 h5 添加了一个类选择器 class= "biaoti",它们共同使用"biaoti"类样式。活力地带的列表文字前面都有图片,且每个列表的图片都不一样,不能统一设置列表项图像来实现,只能是在列表前面添加图片标记。

```
<div id="huoli">
  <h5 class="biaoti">活力地带</h5>
  <ul>
    <li><img src="images/1.gif" alt="修饰小图标" /><a href="#">个人首页</a> </li>
    <li><img src="images/2.gif" alt="修饰小图标" /><a href="#">校园情缘</a> </li>
    <li><img src="images/3.gif" alt="修饰小图标" /><a href="#">阳光生活</a> </li>
    <li><img src="images/4.gif" alt="修饰小图标" /><a href="#">释放梦想</a> </li>
    <li><img src="images/5.gif" alt="修饰小图标" /><a href="#">我的相册</a> </li>
    <li><img src="images/6.gif" alt="修饰小图标" /><a href="#">给我留言</a> </li>
  </ul>
</div>
```

STEP 4 构建 id 为 list 的 div 块的 html。该 div 包含标题和列表,列表进行文章展示,是需要链接到文章详情页面的,因此要把文字题目放在超链接标签里显示。

```
<div id="list">
  <h5 class="biaoti">我的文章分类</h5>
  <ul>
    <li><a href="#">快乐是一种心态</a></li>
    <li><a href="#">海软——我的家</a></li>
    <li><a href="#">魅力琼海</a></li>
    <li><a href="#">博鳌天堂</a></li>
    <li><a href="#">我通往软件的路上,越走越欢!</a></li>
    <li><a href="#">在这里……</a></li>
    <li><a href="#">个人随笔</a></li>
  </ul>
  <h5 class="biaoti">最新文章列表</h5>
  <ul>
    <li><a href="#">我的家在琼海</a></li>
    <li><a href="#">职业生涯</a></li>
    <li><a href="#">你好!夏天</a></li>
```

```
    <li><a href="#">我在何方，往哪走</a></li>
    <li><a href="#">阳光软件——在我梦里</a></li>
    <li><a href="#">网页设计大赛之我见</a></li>
    <li><a href="#">网页设计大赛之随笔</a></li>
  </ul>
</div>
```

STEP 5 按"F12"快捷键在浏览器中浏览，效果如图 2-14 所示。

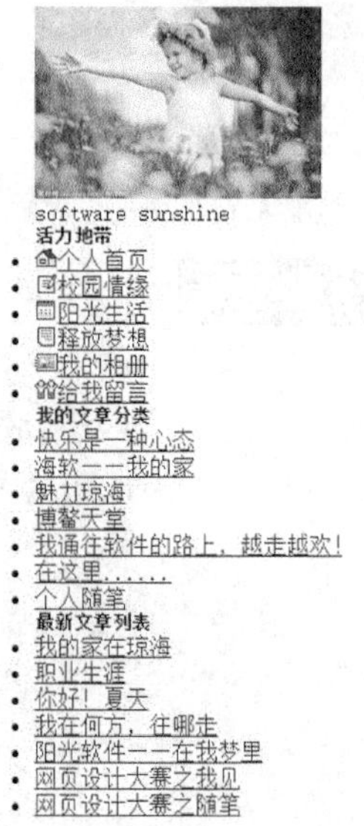

2. 设置 CSS 样式

从图 2-11 和图 2-12 中比较可以看出，我们需要控制图片、span、h5、列表等标签的样式，设置其边框和边距等属性，这些属性属于盒子模型的知识点，读者有必要深入理解盒子模型思想（在支撑知识点模块有更为详细的讲解）。

（1）盒子模型中需要设置的 CSS 属性

在 HTML 中，所有的块元素(自带换行效果的元素)都可以称之为盒子或者块。CSS 可以控制盒子元素的大小以及其周边的边框和边距等，具体的控制属性如下：

图 2-14　只有 HTML 结构的左侧列表效果图

- width：指定 Content(内容)——盒子内容的宽度。
- height：指定 Content(内容) ——盒子内容的高度。
- border(边框)：围绕在内边距和内容外的边框。
- padding(内边距)：设置内容到边框之间的边距，内边距是透明的。
- margin(外边距)：设置边框外的空白，外边距也是透明的。

当我们设置了某个元素的 width 和 height 时，仅仅是设置该元素的内容宽度和高度，并没有包括边框与内外边距（这是标准盒子模型思想，与 IE 盒子模型不同，详见支撑知识点）。每个元素都有四边的 border、padding、margin，需要设置各个边的属性时，可以与 top、left、right、bottom 结合设置，如：border-left 设置的是左边边框的样式，其他边框类似设置，也可以统一设置 4 条边的边框的样式，如：border:1px solid red;表示设置 4 条边的边框为 1px 宽度、实线、红色。而 padding 和 margin 则是设置具体的数值，如 padding-left:10px;这是设置某元素的左边内边距为 10px，margin:10px;则是设置四边的外边距都为 10px。如下代码中设置某个盒子的高度为 133px，宽度为 200px，边框为 1px，内边距为 5px，外边距为 10px，那么在页面中该盒子具体占据的宽度为：$200px+1px \times 2+5px \times 2+10px \times 2=232px$，高度为：$133px+1px \times 2+5px \times 2+10px \times 2=165px$。该盒子中包含一张图片，效果如图 2-15 所示。

```
#box{
    height:133px;              /*内容高度*/
    width:200px;              /*内容宽度*/
    border: 1px solid #096;    /*4 条边的边框宽度为 1px*/
    padding: 5px;              /*4 边的内边距为 5px*/
```

```
    margin:10px;                        /*4 边的外边距为 10px*/
}
```

图 2-15　盒子模型效果图

（2）CSS3 圆角框

在 CSS2 中制作圆角框效果，我们都需要使用多张圆角图片作为背景，分别应用到每个角上，应用最多的就是在需要圆角的元素标签中加 4 个空标签，然后在每个空标签中应用一个圆角的背景位置，然后在对这几个应用了圆角的标签进行定位到相应的位置，非常繁琐。现在有了 CSS3 的 border-radius 特性之后，实现边框圆角效果就非常简单了，而且它还有多个优点：一是减少网站维护工作量；二是提高了网站的性能，少了对图片的 HTTP 的请求，网页载入速度将变快；三是增加视觉美观性。

CSS3 的 border-radius 属性可以设置盒子元素，也可以设置图片的圆角，但是值得注意的是这是一个新特性，不同浏览器存在兼容问题，需要添加前缀，详见支撑知识点。如下代码是在上面代码的基础上添加一条 border-radius:8px 代码，效果如图 2-16 所示。

```
#box{
    height:133px;                       /*内容高度*/
    width:200px;                        /*内容宽度*/
    border: 1px solid #096;             /*4 条边的边框宽度为 1px*/
    padding: 5px;                       /*4 边的内边距为 5px*/
    margin:10px;                        /*4 边的外边距为 10px*/
    border-radius:8px;                  /*设置该盒子 4 边圆角框为 8px*/
}
```

图 2-16　圆角框效果图

设置 CSS 样式的具体实现步骤如下。

以下代码在任务 2-2 的基础上完成，打开 style.css 文件。

STEP 1　设置 main 和 left 块样式。由于 main 中包含 left 块和 right 块，之前设置了 main 和 left 的高度，但现在 left 中已包含了内容，高度以实际的内容高度为准，因此清除掉原先的高度代码，添加上内边距的设置，只把所有 left 块和 right 块的内容都往下移动 10 像素。

```css
#main{
    padding-top:10px;                    /*距离上边内边距 10 像素*/
}
#left {
    width: 250px;                        /*设置宽度为 250px */
    float: left;                         /*设置向左浮动*/
}
```

STEP 2　设置 zuozhe 块的样式。图片样式包含有边框、内边距以及圆角框。<span> 标签原本是行内元素，不是块元素，就不具备盒子模型属性，也就是说设置 <span> 标签的高宽是不起作用的，但在页面中字体要求设置内外边距和上下边框，因此需要把 span 行内元素转换为块元素，转换代码是：display:block;，块元素也可以转换为行内元素 "display:inline;。

```css
/*包含照片的 div 样式*/
#zuozhe {
    text-align: center;                  /*设置盒子内容居中*/
    padding-top: 15px;                   /*距离上边内边距 15px*/
    padding-left: 15px;                  /*距离左边内边距 15px */
}
/*设置照片的样式*/
#zuozhe img {
    border: 1px solid #096;              /*设置照片的边框 1px 宽，实线 绿色*/
    padding: 8px;                        /*所有边的内边距 8px */
    border-radius:8px;
}
/*设置段落文本*/
#zuozhe span {
    display:block;                       /*把行内元素转换为块元素*/
    font-family:Arial, Helvetica, sans-serif;
    font-size: 15px;
    margin:10px;                         /*4 边外边距为 10px*/
    padding-top:5px;                     /*上边内边距为 5px*/
    padding-bottom:5px;                  /*下边内边距为 5px */
```

```
border-top: 1px dashed #666666;        /*上边边框宽度为1px，横虚线，灰色*/
border-bottom: 1px dashed #666666; /*下边边框宽度为1px，横虚线，灰色*/
}
```

设置完以上代码的效果如图 2-17 所示。

STEP 3 设置 huoli 块样式。huoli 块的宽度可以与父级元素 left 宽度一致，可以不设置，高度设置为 150px，这里的高度必须要设置，因为该块里的内容图片和列表需要设置浮动，浮动后将清除掉其原先占据的位置，如果不设置高度，下面的 list 块内容将占据上来，使得布局错乱。设置了高度的效果如图 2-18 所示，不设置高度的效果如图 2-19 所示，对比两张图，更容易理解。

图 2-17　左侧列表 zuozhe 块效果图	图 2-18　huoli 块设置高度效果图	图 2-19　huoli 块不设置高度效果图

h5 样式由类名为 biaoti 选择器来控制，控制字体（具体样式在下一个任务中具体讲解）、背景以及圆角框，这里只需设置右边的圆角框，即右上角和右下角。具体代码设置如下：

```
#huoli {                              /*控制活力地带 div 样式*/
    height: 150px;                    /*必须设置，否则造成布局错乱*/
    margin-top: 20px;                 /*距离上边外边距为20px*/
}
.biaoti {                             /*控制活力地带里标题 h5 的样式*/
    color: #FFF;
    font-size: 16px;
    font-weight: bolder;
    width: 220px;
```

```
        height: 40px;
        background-color: #328048;              /*设置背景*/
        border-radius: 0px 10px 10px 0px;       /*设置圆角框，只设置右边为圆角*/
        padding-left: 30px;                     /*内左边距*/
        line-height: 40px;                      /*设置 h5 的行高与高度一致*/
}
```

设置列表标签样式。ul 中的 li 元素是以两行显示，我们前面学习过要把 li 元素横排显示，就要设置浮动，那么每个 li 元素将一个一个地紧挨着横排显示。但这里要求两排显示，就需要给 li 的元素设置一个固定的宽度，这里设置为 80px，读者可以自行调整测试看结果。为了使图标和超链接文本更好地排版，给它们都设置了浮动，其他样式前面已介绍过，将不再重复讲解。

```
#huoli ul {                      /*控制活力地带 ul 的样式*/
    padding-left: 20px;          /*内左边距*/
    padding-top: 10px;           /*内上边距*/
}
#huoli li {                      /*控制列表的样式*/
    float: left;                 /*向左浮动*/
    list-style: none;            /*取消项目列表的符号*/
    margin-left: 10px;           /*外左边距*/
    width: 80px;                 /*每个 li 的宽度为 80px*/
    margin:5px;
}
#huoli li img{
    float:left;                  /*为了与文字更好地排版，设置浮动*/
    margin-right:6px;
    }
#huoli li a {                    /*控制超链接的样式*/
    float:left;                  /*为了与图片更好地排版，设置浮动*/
    font-size: 12px;             /*字体大小*/
    color: #333;                 /*字体颜色*/
    text-decoration: none;       /*取消字体下划线*/
}
/*控制鼠标经过状态的字体颜色*/
#huoli li a:hover, #list li a:hover {  /*逗号隔开表示两个选择器的样式一致*/
    color: #F00;
}
```

STEP 4 设置 list 块样式。list 块中没有浮动元素，那么可以不设置高度和宽度，让其根据内容而定。这里需要理解的是设置列表图标时，并不是使用列表的 list-image 来控制，而是使用背景图片来设置，并用 background-position 来控制图片的位置。

```
#list ul {                              /*控制无序列表的样式*/
    list-style: none;                   /*取消项目列表的符号*/
    padding: 15px;
}
#list ul li {                           /*控制无序列表 li 的样式,用背景更容易控制列表图标*/
    background: url(images/icon1.gif) no-repeat 5px center;
                                        /*设置每个 li 元素的背景*/
    border-bottom: 1px dashed #666666;  /*添加下边框*/
    padding-bottom: 8px;                /*内下边距*/
    padding-left: 15px;                 /*内左边距*/
    margin-bottom:8px;                  /*外左边距*/
}#list li a {                           /*控制超链接的样式*/
    font-size: 12px;                    /*字体大小*/
    color: #333;                        /*字体颜色*/
    text-decoration: none;              /*取消字体下划线*/
}
```

STEP 5　测试预览效果,按"F12"快捷键,效果如图 2-20 所示。

图 2-20　博客页面左侧列表完整图

⭐ 支撑知识点

1. CSS 盒子模型

（1）标准盒子模型和怪异盒子模型

在 CSS 中，Box Model 叫做盒子模型（或框模型），Box Model 规定了元素框处理元素内容（element content）、内边距（padding）、边框（border） 和 外边距（margin） 的方式。在 HTML 文档中，每个块级元素都属于盒子模型。CSS 的盒子模型规定元素框的最内部分，是实际的内容（content），直接包围内容的是内边距(padding)。内边距呈现了元素的背景。内边距的边缘是边框(border)。边框以外是外边距(margin)，外边距默认是透明的，因此不会遮挡其后的任何元素，盒子模型示意图如图 2-21 所示。

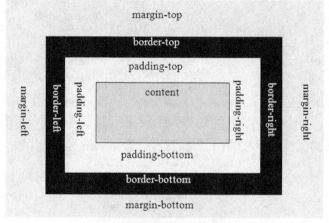

图 2-21　盒子模型示意图

盒子模型有两种，分别是标准的 W3C 盒子模型和怪异盒子模型(也称为 IE 盒子模型)。它们对盒子模型的解释各不相同，相同的代码在不同的浏览器（一般会在 IE5 ~ IE8 浏览器中会触发怪异盒子模型）中产生的效果会不一样，标准盒子模型示意图如图 2-22 所示。

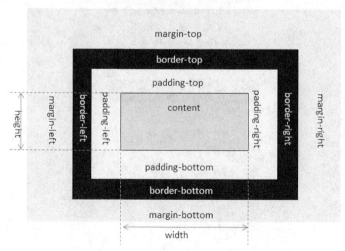

图 2-22　标准盒子模型示意图

从图 2-22 中可以看出，标准盒子模型包括 margin、border、padding、content，而 content 内容区域的高度和宽度由 height 和 width 来确定。盒子总宽度/高度=width/height+padding+border+margin。怪异盒子模型的计算方式与标准盒子模型不一样，如图 2-23 所示。

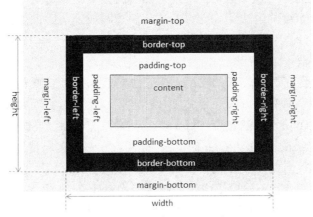

图 2-23　怪异盒子模型示意图

从图 2-23 中，怪异盒子模型也包括 margin、border、padding、content，和标准盒子模型不一样的是：怪异模式的 content 内容区域包含 height/width、border、padding。盒子总宽度/高度=width/height+margin。下面我们定义一个 div 块来演示标准模式和怪异模式的区别，以下是 CSS 样式代码：

```
.box {
    width: 200px;
    height: 200px;
    border: 20px solid black;
    padding: 50px;
    margin: 50px;
}
```

以上代码在标准模式下的盒模型如图 2-24 所示，盒子总宽度/高度=200px+2×20px+2×50px+2×50px=440px，盒子内容 content 的高度/宽度=200px。在怪异模式下的盒模型如图 2-25 所示，盒子总宽度/高度=200px+2×50px=300px，而盒子内容 content 的高度/宽度=200px-2×20px-2×50px=60px。

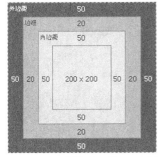

图 2-24　标准模型下代码示意图

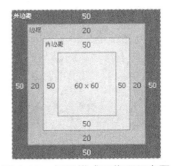

图 2-25　怪异模式下代码示意图

以上两种模式该如何选择呢？很简单，只要页面设置了恰当的 DTD，大多数浏览器都会按照标准模式来呈现内容。IE5.X 和 IE6 在怪异模式中使用自己的非标准模型。这些浏览器的 width 属性不是内容的宽度，而是内容、内边距和边框的宽度的总和。

虽然有方法解决这个问题，但是目前最好的解决方案是回避这个问题，也就是，不要给元素添加具有指定宽度的内边距，而是尝试将内边距或外边距添加到元素的父元素和子元素上。

（2）CSS3 新增属性 box-sizing

以上很详细地介绍了两种盒子的模型，一般情况下，只要添加了 DTD，大部分浏览器都使用的是标准模型，只有 IE6 以下版本使用怪异模型。在做页面布局时，大家经常会碰到这样的问题，当两个块元素的宽度刚好是其父元素总宽度时，布局不会有任何问题，但当在其中一个块加上 padding 或 border 时（哪怕是 1px）整个布局就发生错乱，因为其总宽度超过了父元素的宽度。为了使布局正常，不得不重新去计算宽度、内外边距、边框等，非常的繁琐，这时我们会想，如果使用的是怪异模式来计算，页面将会恢复正常。在 CSS3 新增的属性 box-sizing 将可以随意选择两种模式来显示。以下是 box-sizing 的属性值：

● box-sizing:content-box：将采用标准模式解析计算，也是默认模式；
● box-sizing:border-box：将采用怪异模式解析计算；

要做到各个不同的浏览器兼容此属性，需要添加相应前缀，例如：

● -Webkit-box-sizing: content-box;
● -moz-box-sizing: content-box;
● -o-box-sizing: border-box;
● -ms-box-sizing: border-box;

下面以一个两栏布局来详细讲解 box-sizing 的用法，以及在 IE5～IE7 中存在的问题和解决方法，全部代码在 box-sizing.html 中。先来介绍 HTML 代码：

```html
<div id="box">
    <div id="header" class="addPadding border">头部内容</div>
    <div id="content">
        <div id="left" class="addPadding border">左侧边栏</div>
        <div id="right" class="addPadding border">主体内容</div>
    </div>
    <div id="footer" class="addPadding border">脚注</div>
</div>
```

div#box 盒子中包含头部#header、主体内容#content 和脚注#footer，div#content 盒子包含左侧边栏和主体内容，两栏显示。

```css
#box{
    width: 1024px;
    background-color:gray;
}
#header {
```

```
    width:100%;              /*宽度百分百显示，与父级元素宽度一致*/
    background:yellow;
  }
  #left {
    width: 224px;            /*1024px=224px+800px*/
    float: left;
    background:red;
  }
  #right{
    width: 800px;            /*1024px-224px=800px*/
    float: right;
    background:blue;
  }
  #footer {
    clear:both;
    width: 100%;
    background:green;
  }
```

以上代码在任何浏览器中显示都正常，效果如图 2-26 所示，因为左侧边栏的宽度加上右侧主体内容的宽度刚好与总宽度一致。

图 2-26　正常显示效果图

但是在实际的布局中，难免要设置各个块的边框或内外边距等属性，例如我们给 box 里的所有块都添加上一个 10px 的 padding。

```
  .addPadding{        /*除了 box 块外，其他块都添加了 class=" addPadding"*/
    padding:10px;
  }
```

添加以上代码后，除了 IE5 显示正常外，其他浏览器都显示错乱，效果如图 2-27 所示，灰色是 box 的背景色。

图 2-27　添加 padding 错乱显示效果图

如果大家电脑中没有安装 IE 低版本，可以使用 IE 浏览器中的 "F12" 快捷键打开 "开发人员工具"，打开后，可以选择 IE 的各个版本进行测试。

为了更好地查看各个块的内容变化，我们继续给除了 div#box 外的各块添加上 1px 的边框。可想而知，还是除了 IE5 正常外（因为 IE5 使用的是怪异模型），其他浏览器（标准模型）都错乱显示，效果如图 2-28 所示。

```
.border{    /* class=" addPadding  border"表示该块即可用 addPadding 类，也可用
border 类*/
    border:1px dashed #FF0000;
}
```

图 2-28　添加边框错乱显示效果图

要想恢复布局，那就得按照标准模型的方式去计算，使得各个块的总宽度不能超过 1024px，这样的方式较繁琐。我们希望所有浏览器都能像 IE5 一样使用怪异模型，这样页面布局不会出现错乱，下面我们使用 CSS3 中的 box-sizing 来恢复以上错乱布局。在类.addPadding 中添加以下代码：

```
.addPadding{                    /*除了 box 块外其他块都添加了 class=" addPadding"*/
    padding:10px;
    -moz-box-sizing: border-box;
    -Webkit-box-sizing: border-box;
    -o-box-sizing: border-box;
    -ms-box-sizing: border-box;
    box-sizing: border-box;        /*设置为怪异模型*/
}
```

设置了 box-sizing: border-box;后，页面布局恢复正常显示，效果如图 2-29 所示。

图 2-29　设置 box-sizing 后正常显示效果图

但遗憾的是在 IE7 中仍然显示错乱，如图 2-30 所示，因为 IE7 以下版本不识别 box-sizing: border-box;代码，而 IE7 的盒子模型为标准模型，为了解决这一问题，可以添加上 CSS hack。

图 2-30　IE7 中显示效果图

```
#left{
    *width:202px;                /*兼容 IE7 ,width=224px-2*10-2*1=202px*/
    _width:224px;                /*兼容 IE5，恢复怪异模式，不要沿用 IE7 中的宽度*/
```

```
}
#right{
    *width: 778px;              /*兼容 IE7 ,width=800px-2*10-2*1=778px*/
    _width:800px;
}
```

添加上 CSS hack 后，IE7 中的显示效果如图 2-31 所示。

图 2-31   IE7 中显示效果图

从图中可以看出，页面布局得以恢复，但是头部和脚注的宽度比中间部分的主体内容宽，以致于显示不对齐。出现这种原因是#header 和#footer 设置的宽度为 100%，再加上内边距和边框多出了 22px，因此解决这一问题是把#header 和#footer 的宽度清除，不设置，再添加以下 CSS hack 代码。

```
#header{
    /*width: 100%;*/
    *widht:1002px
}
#footer{
    /*width: 100%;*/
    *widht:1002px;
}
```

box-sizing 还可以统一 form 表单元素风格，具体设置大家自行研究，这里将不再展开阐述。

（3）盒子模型属性详讲

● width：指定 Content(内容)——盒子的内容的宽度。

● height：指定 Content(内容) ——盒子的内容的高度。

● border(边框) ：围绕在内边距和内容外的边框。

● padding(内边距) ：设置内容到边框之间的边距，内边距是透明的。

● margin(外边距) ：设置边框外的空白，外边距也是透明的。

在 CSS 中，width 和 height 指的是内容区域的宽度和高度。增加内边距、边框和外边距都不会影响内容区域的尺寸，但是会增加元素框的总尺寸(所有讲解都是在标准模型下)。

① border（边框）。

元素的边框 (border) 是围绕元素内容和内边距的一条或多条线。CSS border 属性允许你规定元素边框的样式、宽度和颜色。

● border-style：边框的样式，若不设置，默认值为 none 无边框。

● border-color：边框的颜色，若不设置，默认为文本颜色或父级元素颜色。

● border-width：边框的粗细，若不设置，默认值为 medium（相当于 3px）。

边框的三个属性都可跟 top、right、bottom、left 相结合，共同设置单边边框的效果，例如：

```
border-left-style:solid;              /*设置左边边框样式为实线*/
border-top-width:10px;                /*设置上边边框粗细为 10px*/
border-right-color:red;               /*设置右边边框的颜色为红色 */
```

用单边边框来设置样式非常繁琐，代码也多，CSS 中规定三个边框属性可以进行简写，采用了 top-right-bottom-left 的顺序。

```
/*以下代码根据上右下左来设置边框样式：
上：10px 红色实线；右：5px 黄色点虚线；下：20px 蓝色横虚线；左：1px 绿色双实线*/
border- style: solid dotted dashed double;
border -width:10px 5px 20px 1px;
border-color:red yellow blue green;
```

如果四边边框的样式粗细颜色都是统一的，那还可以简写为一个 border 属性，三个属性值之间通过空格隔开，例如：

```
border:1px solid green;       /*设置四边边框样式都为 1px 绿色实线*/
border-left:2px dotted red;   /*设置左边边框样式，对上面统一样式中的左边框进行覆盖 */
```

② padding（内边距）。

CSS padding 属性定义元素边框与元素内容之间的空白区域。padding 属性接受长度值或百分比值，但不允许使用负值。

在 CSS 中可以指定不同的侧面和不同的内边距，与 top、right、bottom、left 结合设置单边内边距。

```
padding-top:25px;             /*设置距离上边内边距为 25px*/
padding-bottom:25px;          /*设置距离下边内边距为 25px*/
padding-right:50px;           /*设置距离右边内边距为 50px*/
padding-left:50px;            /*设置距离左边内边距为 50px*/
```

为了缩短代码，它可以在一个属性中指定所有填充值，这就是所谓的缩写属性。以上代码可以缩写成一条代码"padding:25px 50px;"。padding 属性的缩写值可以接受 1 到 4 个值，应用了值复制的方式，所谓值复制就是在属性值缺省时如何设置各边的外边距。

如果缺少左外边距的值，则使用右外边距的值。

如果缺少下外边距的值，则使用上外边距的值。

如果缺少右外边距的值，则使用左外边距的值。

下图 2-32 提供了更直观的方法来了解这一点。

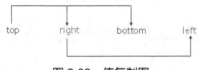

图 2-32　值复制图

换句话说，如果为外边距指定了 3 个值，则第 4 个值（即左外边距）会从第 2 个值（右外边距）复制得到。如果给定了两个值，第 4 个值会从第 2 个值复制得到，第 3 个值（下外边距）会从第一个值（上外边距）复制得到。最后一个情况，如果只给定一个值，那么其他 3 个外边距都由这个值（上外边距）复制得到。

```
padding:25px;                    /*设置所有内边距为25px*/
padding:25px 50px;               /*设置上下内边距为25px，左右为50px*/
padding:10px 50px 20px;          /*设置上内边距为10px，左右为50px，下为20px*/
padding:5px 10px 25px 50px;      /*设置上：5px，右：10px，下：25px，左：50px*/
```

③ margin（外边距）。

margin 清除周围元素（外边框）的区域，设置外边距会在元素外创建额外的"空白"。margin 没有背景颜色，是完全透明的。margin 可以单独改变元素的上、下、左、右边距。也可以一次改变所有的属性。

margin 可以接受的值如下。

- auto：设置浏览器边距。让浏览器自动留白，经常用于设置整个盒子居中。
- length：定义一个固定的 margin（使用 px、pt、em 等）。
- %：定义一个使用百分比的边距。百分数是相对于父元素的 width 计算的。
- margin 可以使用负值，重叠的内容。

在 CSS 中，margin 也可以设置单边的外边距，也可以进行简写，简写方式与 padding 类似，具体代码如下：

```
margin-top:25px;                 /*设置距离上边外边距为25px*/
margin-bottom:25px;              /*设置距离下边外边距为25px*/
margin-right:50px;               /*设置距离右边外边距为50px*/
margin-left:50px;                /*设置距离左边外边距为50px*/
/*以上代码也进行简写*/
margin:25px  50px;
```

④ 外边距合并。

当左右相邻或上下相邻的两个元素都设置了外边距时，就会涉及外边距合并。水平外边距合并不会发生任何变化，即两个元素的外边距相加。这里的外边距合并指的是，垂直外边距相遇时，它们将形成一个外边距。合并后的外边距的高度等于两个发生合并的外边距的高度中的较大者。

当一个元素出现在另一个元素上面时，第一个元素的下外边距与第二个元素的上外边距会发生合并，如图 2-33 所示。

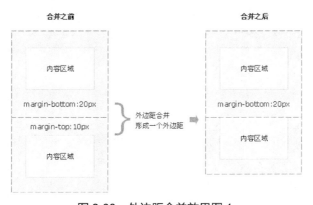

图 2-33　外边距合并效果图 1

当一个元素包含在另一个元素中时（假设没有内边距或边框把外边距分隔开），它们的上或下外边距也会发生合并，如图 2-34 所示。

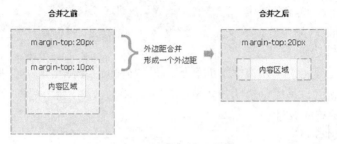

图 2-34　外边距合并效果图 2

2．CSS3 圆角框

CSS3 中通过 border-radius 属性来实现圆角框，border-radius 是一种缩写方式，其实 border-radius 和 border 属性一样，还可以把各个角单独拆分出来，也就是以下 4 种写法，这里归纳为一点，它们都是先 Y 轴再 X 轴，具体如下：

● border-top-left-radius: \<length> \</length>;　：设置左上角
● border-top-right-radius: \<length> \</length>;　：设置右上角
● border-bottom-right-radius: \<length> \</length>;　：设置右下角
● border-bottom-left-radius: \<length> \</length>;　：设置左下角

简单分析：\<length> \</length> 中第一个值是圆角水平半径，第二个值是垂直半径，如果第二个值省略，那么其等于第一个值，这时这个角就是一个四分之一的圆角，如果任意一个值为 0，那么这个角就不是圆角。

border-radius 缩写的取值可以接受 1 到 4 个值。

```
border-radius:10px;              /*四个角的圆角一致*/
border-radius:25px  10px;        /*对角一致，上左和下右为 25px，上右和下左为10px*/
border-radius:10px 50px 20px;    /*上左为10px，上右和下左为50px，下右为20px*/
border-radius:5px 10px 25px 50px;/*上左：5px，上右：10px，下右：25px，下左：50px*/
```

> **提示**
> 1. 当某个元素设置了边框和内边距时，圆角框只显示外边框；
> 2. 当圆角框的半径值小于边框的厚度时，圆角框也只显示外边框。

 ## 任务总结

1．掌握标题、span 等标签的使用；
2．理解盒子模型思想；
3．掌握 CSS 设置元素的高宽、边框和内外边距；
4．掌握 CSS3 中设置盒子模型属性 box-sizing；
5．理解 CSS3 新增的圆角框 border-radius 属性。

任务 2-4　主体内容与脚注的实现

任务目标

● 实现主体内容的文本排版；
● 实现脚注文本。

模块知识点

● 掌握段落<p>标签；
● 掌握 CSS 设置字体与段落样式。

明确任务

本任务主要是完成整个博客页面的主体和脚注，包括 right 块和 footer 块。从构建 HTML 结构到设置 CSS 样式，最终完成的效果如图 2-35 所示。

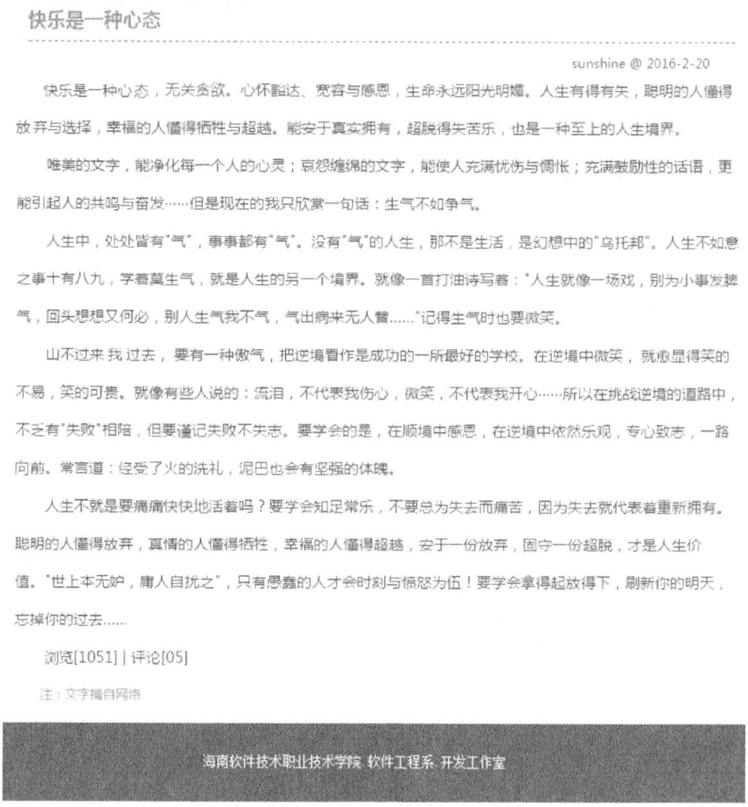

图 2-35　博客主体内容和脚注

任务解析

主体内容可显示多篇文章，每篇文章的结构和样式几乎一致，如标题、作者信息及文章内容，样式都是一样的，所以可以统一设置。脚注更为简单，只需设置其背景和居中显示。

任务实现

下面开始构建博客页面的主体和脚注。根据任务解析得到主体 right 部分被划分为 2 个块，两块的样式都一样，使用了类选择器 class 名为 wenzhang。

1. 构建 HTML 结构

在 right 块中显示文本用到标题、段落和 span 标签，标题和 span 标签在上个任务中已讲解，下面来了解段落标签的用法。

段落<p>标签的定义和用法

● <p>标签是属于双标签，<p>…</p>。

● <p>标签语义是一篇文章段落。

● 段落标签自带有换行样式，注意与换行符的区别。

<P>标签一般只在块（block）内指定段落，也可以把段落和其他段落、列表、表单和预定义格式的文本一起使用。总的来讲，这意味着段落可以在任何有合适的文本流的地方出现，例如文档的主体中、列表的元素里等。

从技术角度讲，段落不可以出现在头部、锚或者其他严格要求内容必须只能是文本的地方。实际上，多数浏览器都忽略了这个限制，它们会把段落作为所含元素的内容一起格式化。

构建 HTML 结构的具体实现步骤如下：

STEP 1 打开 blog 文件夹中的 index.html 文件，找到 div#right 块，在该块中添加两个 div，设置 class="wenzhang"。

STEP 2 显示标题用<h3>标签，作者信息用<span>标签，文本则使用段落标签。

STEP 3 构建 right 和 footer 块的 html。根据以上分析讲解可以得出博客页面主体内容和脚注的 HTML 结构，代码如下：

```
<div id="right">
    <div class="wenzhang">
        <h3><a href="#">快乐是一种心态</a></h3>
        <span>sunshine @ 2012-2-20</span>
        <p>…</p>
        <p>浏览[1051] | 评论[05]</p>
        <p class="zhu">注：文字摘自网络</p>
    </div>
    <div class="wenzhang">
```

```
    <h3><a href="#">你好！夏天</a></h3>
    <span>sunshine @ 2012-1-20</span>
    <p>…</p>
    <p>浏览[1013] | 评论[15]</p>
    <p class="zhu">注：文字摘自网络</p>
</div>
</div>
<div id="footer">
<span>海南软件职业技术学院.软件工程系.开发工作室</span>
</div>
```

STEP 4 测试预览效果，按 "F12" 快捷键，没有添加样式时的效果如图 2-36 所示。

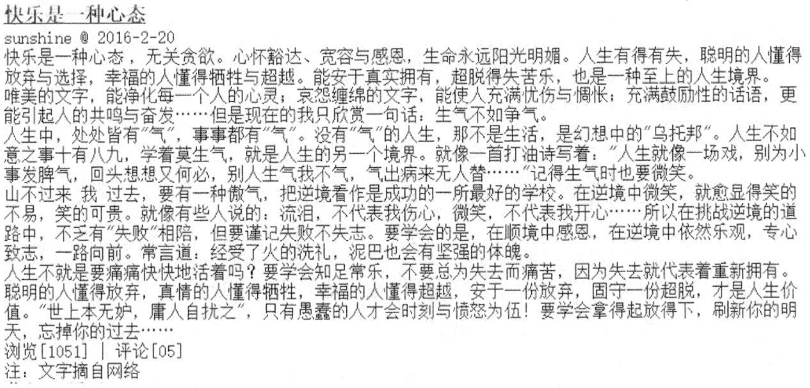

快乐是一种心态

sunshine @ 2016-2-20

快乐是一种心态，无关贪欲。心怀豁达、宽容与感恩，生命永远阳光明媚。人生有得有失，聪明的人懂得放弃与选择，幸福的人懂得牺牲与超越。能安于真实拥有，超脱得失苦乐，也是一种至上的人生境界。

唯美的文字，能净化每一个人的心灵；哀怨缠绵的文字，能使人充满忧伤与惆怅；充满鼓励性的话语，更能引起人的共鸣与奋发……但是现在的我只欣赏一句话：生气不如争气。

人生中，处处皆有"气"，事事都有"气"。没有"气"的人生，那不是生活，是幻想中的"乌托邦"。人生不如意之事十有八九，学着莫生气，就是人生的另一个境界。就像一首打油诗写着："人生就像一场戏，别为小事发脾气，回头想想又何必，别人生气我不气，气出病来无人替……记得生气时也要微笑。

山不过来 我 过去，要有一种微气，把逆境看作是成功的一所最好的学校。在逆境中微笑，就愈显得笑的不易，笑的可贵。就像有些人说的：流泪，不代表我伤心，微笑，不代表我开心……所以在挑战逆境的道路中，不乏有"失败"相陪，但要谨记失败不失志。要学会的是，在顺境中感恩，在逆境中依然乐观，专心致志，一路向前。常言道：经受了火的洗礼，泥巴也会有坚强的体魄。

人生不就是要痛痛快快地活着吗？要学会知足常乐，不要总为失去而痛苦，因为失去就代表着重新拥有。聪明的人懂得放弃，真情的人懂得牺牲，幸福的人懂得超越，安于一份放弃，固守一份超脱，才是人生价值。"世上本无炉，庸人自扰之"，只有愚蠢的人才会时刻与愤怒为伍！要学会拿得起放得下，刷新你的明天，忘掉你的过去……

浏览[1051] | 评论[05]

注：文字摘自网络

图 2-36 主体内容默认效果图

2. 设置 CSS 样式

在网页中，最为主要的元素之一就是文本，但文本和字体的重要性往往被人所忽略。在前端页面中，文本决定了页面内容的呈现是否让人赏心悦目，特别是当前 "内容为王" 的时代，文本的显示效果尤为重要，页面中的每一个文本细节都值得精心打磨。

根据任务分析，在该任务中主要是学习如何用 CSS 控制文本和段落样式。

（1）CSS 控制字体样式

CSS 文本属性可定义文本的外观。通过文本属性，可以改变文本的颜色、字符间距，对齐文本，装饰文本，对文本进行缩进等。

● font-family：字体属性，属性值可以多个值，用逗号隔开，后面字体表示备选字体。

● font-size：字体大小，单位：px、em、ex、%等。

● font-weight：字体粗细，可以是具体的值，也可以是关键字，如 bold。

● color：字体颜色，可以用 rgb、关键字（如 red）、十六进制(#FF00FF)、rgba 表示。rgba 的用法：rgba(30,20,10,0.5)，后面一个值表示透明度，取值为 0~1。

● font-style：字体样式属性，取值：normal（正常）、italic（斜体）、oblique（斜体）。

● text-decoration：修饰字体属性，常用属性值：underline（下划线）、line-through（删除线）、overline（上划线）、none（无修饰）。

● line-height：设置行高。一般单行文本需设置垂直居中时，可设置行高与元素高度一致实现。

（2）CSS 控制段落样式

常用的控制段落属性有段落缩进、文本对齐等，我们只对一些常用的属性进行说明，具体如下：

● text-indent：文本缩进，在段落中经常设置段落缩进两个字符：text-indent:2em。

● text-align：水平对齐。

● vertical-align：垂直对齐，（只有对在 XHTML 中有 valign 属性的标签才起作用，例如 td 等）对于没有 valign 属性的标签不起作用。

● display：控制对象的形状或类型是否显示，经常用于行内元素和块级元素转换。

    ◆ none：不显示。

    ◆ block：块级元素。

    ◆ inline：内联元素。

    ◆ table：对象以表格形式显示。

    ◆ table-cell：单元格形式显示。

设置 CSS 样式的具体实现步骤如下：

以下 CSS 代码在任务 2-3 基础上完成。

STEP 1　设置 right 块样式。清除高度设置。为了使左侧列表与右边有一定的间距，把原先的 774px 宽减少为 744px。left 块和 right 块的宽度计算要求非常精确，那是因为我们现在是在标准模型下工作，它们两个宽度之和不能超过 1024px。为了防止布局错乱，对于 left 和 right 块不要添加内外边距和边框等属性，需要的话，设置其子元素也一样能达到想要的效果。（如果对标准模型还不是很了解的话，建议回到任务 2-3 中的支撑知识点学习）

```css
#right{
    width: 744px;
    float: right;                /*向右浮动*/
}
```

STEP 2　设置 right 块中包含的文章块样式。

```css
.wenzhang{
    padding:0 30px;
}
.wenzhang h3 {                                    /*设置文章标题样式*/
    font-size: 18px;                              /*字体大小*/
    border-bottom: 1px dashed #666666;            /*只显示下边框样式*/
    padding-bottom: 8px;                          /*设置下边距*/
    margin:10px;
}
```

```
.wenzhang h3 a {
    color:#F60;
    text-decoration: none;          /*清除超链接默认的下划线*/
}
.wenzhang h3 a:hover {
    color:#328048;
}
.wenzhang span {                    /*显示作者信息的文本样式，在段落右边显示*/
    font-size: 12px;
    color: #666;        /*字体颜色，单独设置，与主体文本颜色不一样，要单独设置覆盖*/
    margin-left:520px;     /*设置一个比较大的左外边距，使文本在右边显示*/
}
.wenzhang p {
    font-family:"微软雅黑";
    font-size:14px;
    color: #575757;
    line-height: 35px;
    text-indent:2em;
}
p.zhu{
font-size:10px; color:#999;
}
```

STEP 3　设置脚注 footer 的样式。脚注里只包含一行文本，我们这里用一个<span>标签包含，若要设置水平和垂直居中，我们需要把<span>标签转换成块元素。

```
#footer {
    height: 80px;
    background-color: #328048;
    clear: both;                /*清除浮动，不受浮动影响*/
}
#footer span{
    display:block;              /*转换块元素*/
    text-align:center;         /*水平居中*/
    line-height:80px;          /*实现垂直居中*/
    color: #FFF;
}
```

STEP 4　测试预览效果，按 "F12" 快捷键，效果如图 2-35 所示。

支撑知识点

1. CSS3 @font-face 规则

在 CSS2 中设置字体属性是 font-family，如果 Web 设计师使用了用户计算机中没有的字体，那么将按备选字体或默认的字体来显示。这是 Web 设计师所不愿意看到的，因此，Web 设计师多以图片的方式来显示特殊字体。

通过 CSS3@font-face 规则，Web 设计师可以使用他们喜欢的任意字体。@font-face 规则是将想使用的字体文件存放到 Web 服务器上，它会在需要时被自动下载到用户的计算机上。

> **提示**
>
> Firefox、Chrome、Safari 以及 Opera 支持 .ttf (True Type Fonts) 和 .otf (OpenType Fonts) 类型的字体。
>
> Internet Explorer 9+ 支持新的 @font-face 规则，但是仅支持 .eot 类型的字体 (Embedded OpenType)。Internet Explorer 8 以及更早的版本不支持新的 @font-face 规则。

@font-face 规则中需要定义两个属性：

- font-family:myFont，字体名称，myFont 自定义名称。
- src：url('Sansation_Light.ttf') 字体文件路径。

设置好自定的@font-face 后，HTML 元素通过 font-family 属性来引用字体的名称 (myFont)：

```
@font-face {    /*定义字体属性*/
    font-family: myFont;
    src: url('/ css3/Sansation_Light.ttf')    /*字体路径，存在CSS3文件夹中*/
    ,url('/ css3/Sansation_Light.eot');       /* IE9+ */
}
div {  /* 在该div中应用自定义字体 */
    font-family:myFont;
}
```

2. CSS3 文本效果

CSS3 中新增了几个文本特征，如文本阴影、文本溢出等属性，本文将主要介绍几个常用属性。

- text-shadow：文本阴影。
- box-shadow：盒子阴影。
- text-overflow：文本溢出。

（1）text-shadow：文本阴影

文本阴影有 4 个属性值，分别规定水平阴影、垂直阴影、模糊距离、阴影的颜色。例如，要给某个标题添加阴影效果，效果如图 2-37 所示，全部代码案例见 text-shadow.html 。

```
h1{
    text-shadow: 5px 5px 5px #FF0000;
}
```

文本阴影效果！

图 2-37　文本阴影效果图

（2）box-shadow：盒子阴影

顾名思义，适合于盒子标签显示阴影效果。盒子阴影和文本阴影类似，也有 4 个值，分别规定水平阴影、垂直阴影、模糊距离、阴影的颜色。例如 box-shadow.html 中，要给某个图片盒子添加阴影效果，原来的效果和添加阴影后的效果分别如图 2-38 和图 2-39 所示。

```
img{
    border:1px solid #CCC;
    padding:10px;
    box-shadow:5px 5px 5px #CCC;
}
```

图 2-38　正常情况效果图

图 2-39　盒子阴影效果图

（3）text-overflow：文本溢出

CSS3 文本溢出属性指应向用户如何显示溢出内容，当某一块中内容过多时，该如何显示。下面我们举一个例子，经常在一些门户网站中看到一些新闻列表，有时一些新闻标题过长，无法显示完全，这时我们就可以设定内容显示效果。下面只给出一些关键的代码，要全部代码请查看 test-overflow.html。

先确定 html 代码：

```
<div id="list">
  <h3 class="biaoti">新闻动态</h3>
  <ul>
    <li><a href="#">唯品金融购得支付牌照前景几何 存多重不确定因素</a><span>
[01-12]</span></li>
    <li><a href="#">哈佛大学 Nieman Lab 系列文章：关于播客行业的一切</a><span>
[01-15]</span></li>
```

```
        <li><a href="#">互联网背后的心理学：为何蠢萌比高冷更容易火？</a><span>
[01-16]</span></li>
        <li><a href="#">卷皮"平价电商"华丽转身，如何在消费升级大潮中"逆"生长？</a>
<span>[01-17]</span></li>
        <li><a href="#">欢聚时代陈洲：过去一年净营收 80 亿，YY 是怎么做到的？</a><span>
[01-17]</span></li>
    </ul>
  </div>
```

新闻把标题主要放在超链接标签中，因此先把<a>标签转换成块标签，再设置最多显示多少个字 width:15em，如何处理留白 white-space:nowrap，超出部分要隐藏 overflow:hidden，最后设置隐藏的方式 text-overflow:ellipsis 设置 CSS 后效果如图 2-40 所示，具体 CSS 代码如下：

```
#list li a{
    height:20px;
    font-size:13px;
    text-decoration:none;
    color:#575757;
    display:block;                    /*转换为块元素*/
    width:15em;                       /*设定显示的字数，1em 相当于 1 个字符的宽度*/
    white-space:nowrap;               /*用于处理元素内的空白，只在一行内显示。*/
    overflow:hidden;                  /*多出的内容隐藏*/
    text-overflow:ellipsis;           /*超出部分以省略号……显示*/
    float:left;
}
```

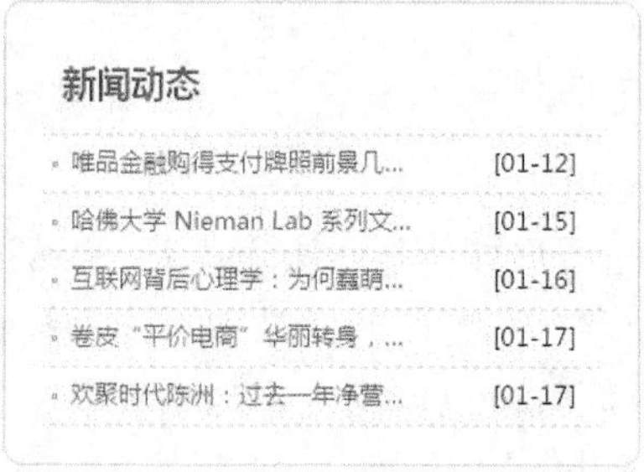

图 2-40　文本溢出效果图

任务总结

1. 掌握文本标签的使用；
2. 掌握 CSS 控制字体段落样式；
3. 了解 CSS3 中新增的文本效果属性。

任务 2-5　页面调整与测试

任务目标

- 整体页面调整；
- Web 标准测试；
- 代码优化；
- 浏览器兼容性测试。

模块知识点

- 掌握代码优化；
- 掌握 Web 标准测试；
- 掌握浏览器兼容性测试。

明确任务

本任务主要是完成整个博客页面的整体调整、代码优化、Web 标准测试以及浏览器兼容测试等，最终完成的效果如图 2-41 所示。

图 2-41　博客完整页面效果图

任务解析

（1）完成任务 2-4 后，整个就页面基本成形了。在制作完成的最后，还需要对页面做一些细节上的调整。如各块之间的 padding 和 margin 值是否与整体协调、代码的优化等。

（2）对固定宽度且居中的版式，需要考虑给页面添加背景颜色，以适合大显示器的用户使用。

（3）为了验证所完成的网站是否符合 W3C 标准，所写的 HTML 和 CSS 代码都要进行测试，对提出的错误和警告要整改。

（4）测试网站在各个浏览器中的兼容性。

任务实现

下面将对整个网站进行 3 个方面的调整和测试，分别为：页面调整和代码优化、Web 标准测试和浏览器兼容测试等。

1. 页面调整和代码优化

（1）对固定宽度且居中的版式，需要考虑给页面添加背景颜色，以适合大显示器的用户使用。

（2）统一整个页面的字体样式，如字体为"微软雅黑"、字体大小为 14px、字体颜色等，那么我们可以把统一的样式均写在 body 选择器中，清除其他类或 id 选择器相同的代码，这样避免造成代码冗余。

（3）清理所有能简写的代码，统一进行简写，例如设置多个背景属性时可使用 background 属性统一设置。

```
body{
    background-color: #559664;        /*添加整体背景色为绿色*/
    font-family:"微软雅黑";
    font-size:14px;
    color: #474747;
}
```

（4）代码优化。把所有具备相同样式的选择器都改为用类选择器或者通过群组选择器来完成。群组选择器通过逗号隔开，具体代码如下：

```
#huoli li a:hover, #list li a:hover {
    color: #F00;                    /*控制鼠标经过状态的字体颜色*/
}
```

提示　　CSS 中还有多种基于关系的选择器，如 a>b 表示选择任何 a 元素的子元素 b，a+b 表示任何 a 元素的下一个 b 元素，a:first-child 表示任何 a 元素的第一个子元素等。我们将在后续的实战案例中运用和掌握这些选择器。

2. Web 标准测试

Web 标准测试需要测试 HTML 结构和 CSS 样式。Web 标准测试有两种方法：一种是利用浏览器直接验证，例如火狐浏览器；另一种是把文件上传到 W3C 提供的测试网址（验证 HTML 结构网站：http://validator.w3.org/，验证 CSS 样式网站：http://jigsaw.w3.org/css-validator/）上进行测试。

HTML 结构验证（利用火狐浏览器验证）步骤如下：

STEP 1 安装 Web_developer 插件。可以先从网上下载，下载后直接拖放到浏览器的附加组件中，将自行安装。也可以直接在火狐浏览器的附加组件中搜索 Web_developer，然后直接安装。

STEP 2 选中火狐标题栏，右击，选中 "Web_developer" 工具栏，让其在页面中显示。

STEP 3 在火狐浏览器中打开需要测试网页，单击 "工具" 菜单，再选中 "验证本地 HTML"。

STEP 4 如果存在不符合 W3C 标准的结构，那出现的页面效果如图 2-42 所示。

图 2-42　不符合标准的结构验证图 1

根据验证图可知有一处结构不符合标准，在验证页中往下滑动，给出了不符合结构的代码，如图 2-43 所示，不符合的是 11 行中的 <img> 标签少了 alt 属性。

图 2-43　不符合标准的结构验证图 2

按照要求改正代码后再进行测试，完全符合标准结构的验证页如图 2-44 所示。

图 2-44　不符合标准的结构验证图 3

CSS 样式验证（利用 W3C 提供的验证网站验证）步骤如下：

STEP 1 打开网站 http://jigsaw.w3.org/css-validator/，如图 2-45 所示。

图 2-45　验证网站图

STEP 2 单击第二个选项卡"通过文件上传"，上传需要验证的 CSS 文件，单击 check 按钮。通过测试的效果如图 2-46 所示。

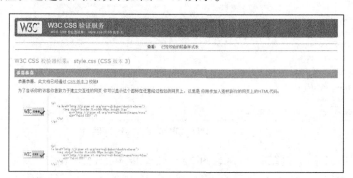

图 2-46　通过 CSS 验证图

3. 浏览器兼容性测试

兼容性测试主要是考虑到不同浏览器对某些代码的解释不同，会出现不同浏览器显示效果不同，或者某种样式不能显示。为了避免兼容问题，尽量编写的代码要符合各个浏览器的兼容性。

（1）页面布局兼容性

在本页面中使用的是标准模型，为了避免在 IE7 以下版本存在问题，一般只设置盒子的宽度和高度，且宽度和高度不超过父级框，内外边距可以在其子元素中设置，或者使用 CSS3 中的 box-sizing 来转换盒模型，在任务 2-3 中有这部分内容的详细讲解。

（2）页面整体居中兼容性

在本页面中使用了对 div#box 设置 "margin:0 auto;" 属性来实现页面整体居中，这种方式在目前主流的浏览器中没有任何一点问题，但是在 IE6 以下版本将会出现无法居中的效果。为了解决该问题，我们在代码中专门写适合 IE6 以下版本的居中代码，先在 body 中添加属性 "text-align: center;"，实现所有内容居中，再在 div#box 盒子中设置 "text-align: left;" 实现 box 盒子里所有内容恢复左对齐默认效果。

```
body{
    text-align:center;                /*所有内容居中，适合 IE6 以下版本*/
}
#box{
    text-align: left;
}
```

（3）圆角框兼容

在页面中大家可看到个人图片和左侧列表的标题都是以圆角框显示的，看起来比棱角要好看得多。这个圆角框的美化效果要归功于 CSS3 中的 border-radius 属性，但可惜的是，并不是所有的浏览器都支持该属性。为了使目前主流的浏览器都支持该属性，我们给该属性添加了浏览器引擎前缀，例如-Webkit-border-radius。遗憾的是，IE5~IE8 版本的浏览器对前缀和 border-radius 属性不支持，直到 IE9 才有对 border-radius 属性的支持，相信很多 Web 开发人员和 Web 应用设计人员都清楚。如果 IE 版本比较老，不支持 border-radius，那么只能用其他技术来弥补，下面谈谈针对 IE 浏览器实现圆角框问题的两种解决措施。

两种方法都是用脚本程序包来实现圆角框的效果，一种是使用 ie-css3.htc 文件；另一种是使用 curvycorners.src.js 文件，两种方法各有利弊，大家可自行选择。下面的例子中，第一种方法作用于作者照片圆角，第二种方法作用于标题圆角。

由于 IE8 以下版本无法解析 border-radius 的属性，所以只能通过编写 JavaScript 脚本来实现，实现的脚本无需自己写，可以从网上搜索下载 ie-css3.htc 或 curvycorners.src.js 文件，将其存放在与样式表同一目录下。

第一种方法是利用 VML 矢量可标记语言作为画笔绘出圆角。首先下载一个压缩包 ie-css3.htc，里面有一个微软的脚本文件（11KB）和一个用来测试服务器是否有正确的 Content-Type 的 HTML 文件，.htc 文件是 IE 内核支持 Web 行为后用来描述此类行为的脚本文件。它们定义了一套方法和属性，程序员几乎可以把这些方法和属性应用到 HTML 页面上的任何元素上去。Web 行为是非常强大的，因为它们允许程序员把自定义的功能"连接"到现有的元素和控件，而不是必须让用户下载二进制文件（例如 ActiveX 控件）来完成这个功能。接下来可设置 CSS 样式，具体代码如下。

```
#zuozhe img{
    ......
    *position:relative;               /*表示为 IE7 的 hack*/
    *z-index:2;                       /*设置该盒子的 z-index 比其他盒子要高*/
    *background-color:#FFF;           /*为 IE 兼容圆角框，实现背景颜色为白色*/
```

```
    *behavior: url(ie-css3.htc);      /* 通过 behavior 导入 ie-css3.htc 文件 */
}
```

以上代码只适合 IE7 版本，IE5~IE6 也支持，但是效果不是很好，IE8 不支持，这里需要注意的是以上属性前面都要添加*，表示只有 IE7 以下才使用。若不添加*，会使 IE9 出错。如果想要设置所有的浏览器的效果一致且兼容的话，可以使用最原始的方法，圆角框图片做背景来实现，不过这种方法会添加很多不必要的标签，代码很复杂，这里就不一一给出。

提示　利用 ie-css3.htc 文件实现的方法也会有些弊端：（1）只能同时设置 4 角圆角，不能单独设置；（2）div 上可以正常使用，测试 text 文本框，会出现异常；（3）CSS 文件要和页面在同一目录下，否则无效；（4）当前元素一定要有定位属性，像是 position:relative 或是 position:absolute 属性；（5）z-index 值一定要比周围元素的要高。

第二种方法需要编写脚本。首先需要下载脚本程序包 CurvyCorners，CurvyCorners 通过 JavaScript 动态生成很多 div 标记，用这些 div 标记来绘出圆角效果，甚至支持消除锯齿功能。接着在代码中导入 curvycorners.src.js 文件，在<head></head>标签中写如下代码导入外部的脚本文件。

```
<script type="text/JavaScript" src="curvycorners.src.js"></script>
```

接着在编写内部脚本代码，也是在<head></head>标签内完成，脚本的代码要包含在<script></script>标签中，代码如下：

```
<script type="text/JavaScript">
curvyCorners.addEvent(window,'load',initCorners);
function initCorners(){
    settings={
        tl:{radius:0},        //设置左上圆角半径
        tr:{radius:10},       //设置右上圆角半径
        bl:{radius:0},        //设置左下圆角半径
        br:{radius:10},       //设置右下圆角半径
        antiAlias:true
        }
    curvyCorners(settings,".biaoti");    //调用，设置的是 class="biaoti"的盒子
    }
</script>
```

不仅可以设置类，也可以设置 id 盒子，下面我们介绍一下多种调用方式。

```
var divObj = document.getElementById ("myDiv");
curvyCorners(settings, divObj);
```

或者直接：

```
curvyCorners(settings, "#myDiv");
```

这样我们就可以将圆角应用在多个地方，另外还有一种方法：

```
curvyCorners(settings,#myDiv1,.cl1,.cl2,.cl3);
```

第二种方法比第一种方法要灵活得多，可以设置任意的角半径，还支持 IE8 以下的版本，但是对于 IE10 会造成一些影响。

不管使用哪种方法，势必都会造成代码复杂化。因此，大家是选择代码简洁还是兼顾老浏览器用户，要根据实际需要而定。

⭐ 支撑知识点

JavaScript 基本语法

1. 脚本的基本结构

所有的 JavaScript 代码都放在< script >< /script >标签中。

```
<script language ="JavaScript" type="text/JavaScript">
    JavaScript 语句;
</script >
```

2. 将 JavaScript 嵌入网页

可以将 JavaScript 语句插入 HTML 文档，方式如下：

- 使用 <script> </script>标签将语句嵌入文档。
    - ⌇ 可以嵌入<head></head>标签之间。
    - ⌇ 也可以嵌入<body></body>标签之间。
- 嵌入外部 JS 文件。

```
<script language ="JavaScript"  src= "文件名.js"></script>
```

src 属性是给出外部文件的路径，JavaScript 文件的后缀名为.js。

3. JavaScript 中的输入/输出语句

（1）输入语句：prompt ("提示信息","默认值");

将弹出提示对话框，接收用户的输入。点击确定返回输入的字符串，点击取消反馈空字符串。该输入语句一般只用于测试，在实际操作中不建议使用。

（2）document.write("hello，world！ ");

在页面中输出"hello，world！ "

（3）alert("helloworld！ ");

页面加载时弹出对话框，输出"helloworld！ "信息。

4. 变量

不论是使用哪种语言编写程序，变量都是其程序的基本组成单位。JavaScript 是弱数据类型的语言，在定义变量时，不需要指明该变量的类型（由 js 引擎来决定）。

（1）命名

- 变量名必须以字母或下划线（"_"）开头。
- 变量可以包含数字、从 A 至 Z 的大小写字母。
- JavaScript 区分大小写，即变量 myVar、 myVAR 和 myvar 是不同的变量。

● 为变量命名时，最好把变量的意义与其代表的意思对应起来，以免出现错误。

（2）变量的声明和赋值

```
var  name="xiaobai";     //name 是字符串类型
//var －  用于声明变量的关键字
//name －  变量名
var  age=20;             //age 是整型
```

在 JavaScript 中声明变量就只有一个关键字 var，甚至还可以不声明直接赋值 age=20；但不建议这样使用。

下面举例说明，命名为 add-test.html 主要实现一个简单加法计算器，用户输入两个数，页面中显示和。

```
<script type="text/JavaScript">
    var a,b,sum;                          //定义 3 个变量
    a=prompt("请输入一个数",1);            //输入一个值并赋值给 a
    b=prompt("请输入另一个数",1);
    //prompt 函数接收到的是字符串类型，需转化为数字再相加
    sum=Number(a)+Number(b);
    document.write(sum);
    alert(sum);
</script>
```

5. 条件语句

通常在写代码时，总是需要为不同的决定来执行不同的动作。例如判断两者的大小，判断字符是否匹配，或者判断某种情况的真假等。此时需要用到条件语句。

在 JavaScript 中，我们可使用以下条件语句：

● if 语句——只有当指定条件为 true 时，使用该语句来执行代码。

● if...else 语句——当条件为 true 时执行代码，当条件为 false 时执行其他代码。

● if...else if....else 语句——使用该语句来选择多个代码块之一来执行。

● switch 语句——使用该语句来选择多个代码块之一来执行。

（1）if语句：只有当指定条件为 true 时，该语句才会执行代码。

例如 if-test.html，该例子可实现网站中常见的问候语，当时间大于 20:00 时，生成问候语 "晚上好!"。

```
<script type="text/JavaScript">
    var time=22;
    if(time>20){
        document.write("晚上好! ");
    }
</script>
```

（2）if-else 语句：当条件为 true 时，执行 if 后的语句体，为 false 时，执行 else 后的语句体。例如 if-else-test.html，当时间大于 20:00 时，生成问候语 "晚上好!"，否则 "白天好"。

```
<script type="text/JavaScript">
    var time=10;
    if(time>20){
        document.write("晚上好! ");
    }
    else{
        document.write("白天好! ");
    }
</script>
```

（3）if...else if...else 语句：多条件执行语句，当条件为 true 时，则执行其后的语句体，当全部条件都不符合时，再执行 else 语句体。

例如 if-else-if-test.html，生成更多的判断，如分为：上午、中午、下午、晚上等。

```
<script type="text/JavaScript">
    var time=prompt("请输入一个时间值, 0 至 24","12");
    if(time>0 &&time<12){
        document.write("上午好，欢迎来到海软");
        }
    else if(time>=12 && time<14){
        document.write("中午好，欢迎来到海软");
        }
    else if(time>=14 && time<18){
        document.write("下午好，欢迎来到海软");
        }
    else if(time>=18 && time<=24){
        document.write("晚上好，欢迎来到海软");
        }
    else{
        document.write("输入出错");
        }
</script>
```

注意　　　请使用小写的 if。使用大写字母（IF）会生成 JavaScript 错误!

（4）switch 语句：多条件执行语句，类似于 if 语句，但有所不同的是，switch 语句将 switch 表达式中的条件数值与各个 case 语句中的数据相比，当该数值与某一 case 匹配时则跳转到该 case 条件下执行。需要注意的是，当 case 中的语句执行完毕后，需要使用 break 语句跳出 switch 条件语句，否则该判断会继续执行下去。具体语法如下：

```
switch(n)
{
```

```
    case 1:
        执行代码块 1
        break;
    case 2:
        执行代码块 2
        break;
    default:
        与 case 1 和 case 2 不同时执行的代码
}
```

例如 switch-test.html，显示今天是星期几，通过 var d=new Date().getDay();获得系统时间中表示周几的数字，再根据数字显示今天是星期几，具体代码如下：

```
<script type="text/JavaScript">
var d=new Date().getDay();
switch (d)
{
  case 0:document.write("今天是星期日");
  break;
  case 1:document.write("今天是星期一");
  break;
  case 2:document.write("今天是星期二");
  break;
  case 3:document.write("今天是星期三");
  break;
  case 4:document.write("今天是星期四");
  break;
  case 5:document.write("今天是星期五");
  break;
  case 6:document.write("今天是星期六");
  break;
    }
</script>
```

6. 循环语句

循环语句是 JavaScript 中必不可少的一种语句。利用循环语句，我们可以反复执行某段代码。

JavaScript 支持不同类型的循环。

- for——循环代码块一定的次数。
- for/in——循环遍历对象的属性。
- while——当指定的条件为 true 时循环指定的代码块。
- do/while——同样当指定的条件为 true 时循环指定的代码块。

（1）for 循环：最常用的循环语句，适用于清楚循环次数的场合。

例如 for-test.html，遍历数组里所有元素，在页面中显示。

```
<script type="text/JavaScript">
var cars=new Array("奇瑞","雪佛兰","奥迪");    //创建一个数组，存储 3 个元素
for (var i=0;i<cars.length;i++)
{
    document.write(cars[i] + "<br />");
}
</script>
```

（2）for-in 循环：循环遍历对象的属性，经常用于遍历数组或数据集合。

```
<script type="text/JavaScript">
var cars=new Array("奇瑞","雪佛兰","奥迪");    //创建一个数组，存储 3 个元素
for (var i in cars)
{
    document.write(cars[i] + "<br />");
}
</script>
```

注意

变量 for 与 for-in 循环的区别。

（3）while 和 do-while 循环：两者都是指定条件为真时循环执行代码块，且两者可以互换。唯一的区别是当条件一开始就不符合时，do-while 循环多执行了一次。while 循环比较常用。下面分别给出两个例子 while-test.html 和 do-while-test.html，实现 1 加到 100 的和。

```
<script type="text/JavaScript">
var sum=0,i=0;
while(i<=100){
    sum=i+sum;
    i++;
    }
document.write(sum);
}
</script>
```

do-while-test.html 代码：

```
<script type="text/JavaScript">
var sum=0,i=0;
do{
    sum=i+sum;
    i++;
```

```
    }while(i<=100);
document.write(sum);
}
</script>
```

7. 函数

函数包含一组语句，它们是 JavaScript 的基础模块单元，用于代码复用、信息隐藏和组合调用，函数用于指定对象的行为。

在 JavaScript 编程中，我们习惯把所有的功能性代码都定义为相应的函数，这样可以保持代码的整齐易读，同时也可以为以后编写更复杂的代码打好基础。

函数的定义需要使用 function 关键字，其语法格式如下：

```
function 函数名( ){
    //代码
}
```

函数声明后不会立即执行，会在需要的时候调用。可以在某事件发生时直接调用函数（比如当用户单击按钮时），并且可由 JavaScript 在任何位置进行调用。

提示　　JavaScript 对英文字母大小写敏感。关键词 function 必须是小写的，并且必须以与函数名称相同的大小写来调用函数。

JavaScript 所有代码都是由 function 组成，function 即为函数的类型。JavaScript 函数有两种写法："定义式"和"变量式"。

```
//定义式：
function test1() {
    alert('hello,world');
}
//变量式：
var test2 = function(){
    alert('hello,world');
}
//调用
test1();
test2();
```

函数还可以添加上参数，传递参数的方法是在函数名后的括号中，添加要传递到函数中的参数名称。参数可以有一个，也可以有多个，彼此之间用逗号隔开。参数无需先定义。

```
function myFunction(id) {
    document.write("this is a function"+id);
}
var myFunction1 =function (id) {
    document.write("this is a function"+id);
```

```
}
//调用
myFunction(1);
myFunction1(10);                    //也成为匿名函数
```

函数除了可以直接调用外，还可以通过触发事件调用，例如页面加载、单击鼠标等。用户在浏览页面的过程中，鼠标、键盘、表单等人机操作将引发各种页面"事件"，通过 JavaScript 来对这些时间加以响应，完成页面与用户之间的交互。响应用户触发事件，就是调用具有某种功能的函数，来完成用户交互。

以一个 button 元素为例，实现一些常用的触发事件响应，所有代码在案例 button-test.html 中，html 代码如下：

```
<button id="submit1">提交</button>
```

假设我们想让用户单击按钮时，弹出"hello world!"，最为简单的方法是在按钮元素中添加单击事件 onclick 属性，可以直接调用 alert()系统函数，代码如下：

```
<button id="submit1" onclick="alert('hello world!')">提交</button>
```

在测试页面时，当单击按钮，即可弹出警告框，随之输出"hello world!"。

这种方式直接调用简单的系统函数还可以，如果自定义的函数过于复杂，把函数代码都写在 DOM 结构中，会致使 DOM 结构过于复杂。我们还可以有如下方式调用函数：

```
<button id="submit2" onclick="myfunction()">提交</button>
<script type="text/JavaScript">
function myfunction(){
    alert("hello world!");
}
</script>
```

实现的功能跟上面例子是一样的，只是我们把函数功能的代码写在<script></script>标签中。

然而，这种方式还是直接把事件处理代码写在 DOM 结构中，这种做法我们并不推荐。在本书中，作者介绍的网页要符合 Web 国际标准，即要使 HTML 结构、CSS 样式和脚本分开，以利于页面维护。因此，我们需要去掉 button 的 onclick 属性，在 JavaScript 代码中通过 document.getElementById("submit3");语句获取触发事件的 button 元素，并赋值给变量 submit3，最后给 submit3 变量添加 onclick 属性，具体如下：

```
<button id="submit3">提交</button>
<script type="text/JavaScript">
//获取 id 为 submit3 的按钮元素，并赋值给 submit3
var submit3=document.getElementById("submit3");
function myfunction(){
    alert("hello world!");
}
submit3.onclick=myfunction;           //为 submit 注册 onclick 事件
</script>
```

除了以上形式外，处理函数还可以使用匿名函数的方式实现，代码如下：

```
<button id="submit4">提交</button>
<script type="text/JavaScript">
//获取 id 为 submit4 的按钮元素，并赋值给 submit4
var submit4=document.getElementById("submit4");
submit4.onclick=function(){
    alert("我是匿名函数！");
};
</script>
```

我们还可以用类似的方法，给按钮元素注册鼠标经过事件 onmouseover，当鼠标经过时，弹出"鼠标经过 button5"，代码如下：

```
<button id="submit5">鼠标经过</button>
<script type="text/JavaScript">
//获取 id 为 submit5 的按钮元素，并赋值给 submit5
var submit5=document.getElementById("submit5");
submit5.onmouseover=function(){
    alert("鼠标经过 button5！");
};
</script>
```

除了按钮元素的事件外，还可以为页面注册事件，如当页面加载完毕时，输出"欢迎光临！"，代码如下：

```
<script type="text/JavaScript">
this.onload=function(){
    alert("欢迎光临！");
    };
</script>
```

8. 时期和时间

我们经常会看到有一些页面的顶端出现问候语或显示当前的系统时间等，这些效果都是通过 JavaScript 来实现的。在 JavaScript 中提供了一个 Date 对象可以直接获取系统当前的时间日期等，代码如下：

```
<script type="text/JavaScript">
var time=new Date();          //新建一个 Date 对象，并赋值给 time
document.write(time);         //页面中将输出：Sun Feb 05 2017 11:13:00 GMT+0800
                              (中国标准时间)
</script>
```

从代码中可以看出，Date 对象中包括了当前的秒、分、小时、星期数、日、月份、年份以及地区等信息。如果仅需要里面的某部分的信息，如年份等，则还需要使用 Date 对象里的 getFullYear()方法，代码如下：

```
<script type="text/JavaScript">
```

```
var time=new Date();  //新建一个 Date 对象，并赋值给 time
document.write(time.getFullYear());  //页面中将输出：2017
</script>
```

以上代码是直接打印输出时间，如果是页面中显示，则希望在页面的某个标签中显示时间，这样我们可以很好地控制时间显示的位置。例如，我们想把时间显示在一个<h1></h1>标签中，代码如下：

```
<h1 id="mytime"></h1>
<script type="text/JavaScript">
var mytime=document.getElementById("mytime");
this.onload=function(){
    var time=new Date();
    mytime.innerHTML=time.getFullYear();
    };
</script>
```

以上代码通过 mytime.innerHTML 给<h1></h1>标签赋值，即设置该标签的 HTML 文本，该属性可以识别 HTML 标签，例如可以 mytime.innerHTML=”html”。还可以设置纯文本，属性为 innerText，例如：mytime.innerHTML=“纯文本”。

Date 对象中常用的方法说明如下：

- getDate()　　　　　从 Date 对象返回一个月中的某一天 (1~31)。
- getDay()　　　　　从 Date 对象返回一周中的某一天 (0~6)。
- getFullYear()　　　从 Date 对象以四位数字返回年份。
- getHours()　　　　返回 Date 对象的小时 (0~23)。
- getMilliseconds()　返回 Date 对象的毫秒(0~999)。
- getMinutes()　　　返回 Date 对象的分钟 (0~59)。
- getMonth()　　　　从 Date 对象返回月份 (0~11)。
- getSeconds()　　　返回 Date 对象的秒数 (0~59)。
- getTime()　　　　　返回 1970 年 1 月 1 日至今的毫秒数。
- setDate()　　　　　设置 Date 对象中月的某一天 (1~31)。
- setFullYear()　　　设置 Date 对象中的年份（四位数字）。
- setHours()　　　　设置 Date 对象中的小时 (0~23)。
- setMilliseconds()　设置 Date 对象中的毫秒 (0~999)。
- setMinutes()　　　　设置 Date 对象中的分钟 (0~59)。
- setMonth()　　　　设置 Date 对象中月份 (0~11)。
- setSeconds()　　　设置 Date 对象中的秒钟 (0~59)。
- setTime()　　　　　tTime() 方法以毫秒设置 Date 对象。
- toDateString()　　　Date 对象的日期部分转换为字符串。
- toLocaleDateString()　根据本地时间格式，把 Date 对象的日期部分转换为字符串。
- toLocaleTimeString()　根据本地时间格式，把 Date 对象的时间部分转换为字符串。

- toLocaleString()   据本地时间格式，把 Date 对象转换为字符串。
- toString()   把 Date 对象转换为字符串。
- toTimeString()   把 Date 对象的时间部分转换为字符串。

为了让大家更理解 Date 对象中的使用方法，以及与 CSS 结合操作，下面我们给博客案例的头部顶端添加问候语，如"下午好！欢迎来到海软博客"，如图 2-47 所示。

图 2-47　顶部显示问候语效果图

要完成包含有脚本的页面时，要使结构、样式和脚本分开，先编写 HTML 结构，再设置 CSS 样式，最后再完成 JavaScript 脚本功能。

（1）构建 HTML 结构

下面我们为显示的问候语添加一个<span></span>标签，该标签是放在 div#banner 盒子里，代码如下：

```
<div id="banner">
    <span id="time"><!--显示时间--></span><img src="images/bg.jpg" alt="banner" />
</div>
```

（2）设置 CSS

显示时间的标签放在 banner 图片上，那么我们可以设置其为绝对定位，这样将不影响原先的页面布局，再设置字体的颜色等样式，代码如下：

```
#time{
    position:absolute;
    top:10px;
    left:20px;
    font-size:18px;
    color:#FFF;
}
```

为使该标签的绝对定位不受其他标签样式的影响，我们把其父级标签添加一个相对定位，意思是显示时间的<span></span>标签的绝对定位是相对于 div#banner 标签而定。后续还会对定位进行详细说明。

```
#banner {
    ……
    position:relative;
}
```

（3）编写 JavaScript 脚本

脚本函数的功能是页面加载时，根据系统时间获取当前的小时数，判断是上午、中午、下午还是晚上，然后给出问候语。为了使得 JavaScript 脚本与结构分开，我们创建一个外部的脚本文件.js，并命名为 blog.js，存储在 blog 目录下。通过下面代码把 blog.js 作用于 index.html 文件，以下代码写在标签<head></head>之间。

```
<script type="text/JavaScript" src="blog.js"></script>
```

接着在 blog.js 中完成功能模块代码，具体代码如下：

```
// JavaScript Document
this.onload=function(){      //页面加载时触发事件，使用匿名函数完成显示问候语
var myTime=new Date();
var myHour=myTime.getHours();
switch(myHour)
  {
    case 12:
    case 13:
    case 14:document.getElementById("time").innerHTML="中午好！欢迎来到海软
博客";
    break;
    case 15:
    case 16:
    case 17:
    case 18:
    document.getElementById("time").innerHTML="下午好！欢迎来到海软博客";
    break;
    case 19:
    case 20:
    case 21:
    case 22:
    case 23:
    document.getElementById("time").innerHTML="晚上好！欢迎来到海软博客";
    break;
    default:
    document.getElementById("time").innerHTML="上午好！欢迎来到海软博客";
  }
 }
```

任务总结

1. 掌握 CSS 的缩写和优化；
2. 掌握 HTML 和 CSS 代码的标准测试；
3. 掌握不同的浏览器兼容性测试；
4. 掌握 JavaScript 脚本基本语法。

第❸章 企业类网站

任务 3-1　网站整体布局分析设计

任务目标

- 画出页面布局图；
- DIV 划分布局模块；
- 实现页面布局图。

模块知识点

- 掌握网页模块拆分；
- 学会使用 DIV 标记；
- 掌握 CSS 基本语法。

明确任务

本章内容主要介绍如何具体实现企业网站，网站首页最终设计实现的效果如图 3-1 所示。

图 3-1　本章内容最终设计实现的效果图

本任务主要是完成整个企业网站页面的布局，从绘制布局草图到构建 HTML 结构和设置 CSS 样式，最终完成的效果如图 3-2 所示。

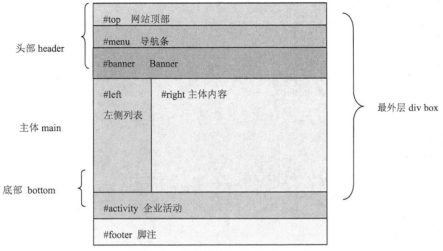

图 3-2 企业网站首页布局示意图

任务解析

从图中可以看出，这是一种典型的布局形式，很多网站都采用这样的形式。页面的顶部设置企业的 top，top 包含两个 div 块，一个是网站的标志 Logo，一个是网站的相关链接 top_link。紧接着是 menu 和 banner。中间主体区域 main 划分为左右两块，左边较窄的区域是导航和内容搜索，右边较宽的区域放置企业网页的主要新闻内容。接着是企业活动块，展示企业的日常活动内容。最底下是脚注部分，放置版权信息和企业的其他信息。在本任务中定义基本的 HTML 结构和 CSS 样式。

任务实现

下面开始构建企业网站首页面的整体布局。根据任务解析得到该页面被划分为 6 个块（也称为 6 个盒子），分别是 top(Logo、top_link)、menu、banner、main（left、right）、activity 和 footer，最外面包含一个 box 块。完成页面布局图的划分后，接着进行构建 HTML 结构和 CSS 样式的设置。

1. 构建 HTML 结构

构建 HTML 结构的具体实现步骤如下。

STEP 1　规划站点结构。在某一盘符中新建一个文件夹作为站点文件夹，例如，在 D 盘中建立一个 root 文件夹作为站点文件夹，并在 root 中建立一个名为 business 的文件夹，用于存储该网站的所有文件，接着在 business 文件夹中再新建一个名为 images 的文件夹用于存储该网站的图片。

STEP 2 创建本地站点。打开 Dreamweaver CS6，选择菜单"站点"→"新建站点"命令，打开"设置站点对象"对话框，输入站点名称为 site，本地站点文件夹为 D:\root\，按"确定"按钮完成站点的建立。

STEP 3 新建一个空白网页。将网页保存到 D:\root\ business \文件夹中，并命名为 index.html。

STEP 4 打开编码模式。根据布局图以及所讲的知识可以得出用 div 划分布局模块的 HTML 结构，代码如下：

```html
<body>
  <div id="box">
    <div id="top">
       <div id="Logo"></div>
       <div id="top_link"></div>
    </div>
    <div id="menu"></div>
  </div id="banner"></div>
    <div id="main">
       <div id="left"></div>
       <div id="right"></div>
    </div>
    <div id="activity"></div>
    <div id="footer"></div>
  </div>
</body>
```

STEP 5 按"F12"快捷键在浏览器中浏览。发现浏览器显示的是一个空白页面，这是因为在 HTML 结构中并没有包含任何的网页元素，只有<div>标签，而<div>标签是一个透明的盒子，如果盒子里不包含任何内容时，将显示的是空白。

2. 设置 CSS 样式

STEP 1 创建 CSS 文件。新建一个 CSS 文件，保存到 D:\root\blog\文件夹中，并命名为 style.css。

STEP 2 链接 CSS 文件。设置 CSS 样式完成后，保存，要把 CSS 作用于 HTML 结构，需要在 HTML 结构中链接 CSS 文件，在<head></head>标签中添加以下<link>标签语句，具体代码如下：

```html
<head>
    <link rel="stylesheet" href="style.css" type="text/css" />
</head>
```

STEP 3 为了消除不同浏览器对 margin、padding 这些属性的默认表现，设计者更容易控制诸如对齐、间隙、边框等问题，我们先将页面中所有元素的 margin、 padding、border 设置为 0px。

```
* {
    margin:0px;                /*设置页面所有元素 margin 为 0*/
    padding:0px;               /*设置页面所有元素 padding 为 0*/
    border: 0px;               /*设置页面所有元素 border 为 0*/
}
```

STEP 4　设置最外层 box 的样式。本例将页面中的所有内容都放在 id 为 box 的<div>标签中，页面中最宽的元素就是顶部的 menu 图片，占据了整个页面宽度（width=100%），因此将 box 的宽度设置与该图片的宽度一致。通过查看图片属性得知其宽度是 760px。

```
#box{
    width:100%;                /*设置 id 为 box 的<div>标签(即主体)宽度为 100%*/
    font-family: "宋体";        /*设置页面的字体*/
    font-size: 12px;           /*设置页面的字号*/
    color: #474747;            /*设置页面的字体颜色*/
    text-align: center;        /*设置页面的字体居中显示*/
    margin-top:34px;           /*设置 box 离页面顶部空白边距为 34px*/
}
```

提示　　当为最外层的<div>标签设置了宽度后，里面嵌套的<div>标签都统一为相同的宽度；页面居中对齐也同样。所以，设置最外层<div>标签的宽度、居中对齐及字体样式，可以使整个页面统一。

STEP 5　设置 id 为 top 的 div 样式。该 div 嵌套包含了 id 为 Logo 与 top_link 两个 div，Logo 的 div 中主要包含企业标志的 Logo 图片，top_link 的 div 主要包含网站首页、企业联系方式、网站地图等超链接。对于 top 而言，它需要设置基本的高度、宽度属性，它的宽度参考了 banner 导航图片 banner.jpg 的大小和页面整体宽度，设置宽度为 1000px，高度参考 Logo 图片 Logo.gif 的高度，高度设置为 41px，外边距设置上下为 0，左右自动实现水平居中对齐，top 样式表如下：

```
#top {
    width:1000px;              /*设置 top 的宽度*/
    height: 41px;              /*设置 top 的高度*/
    margin-bottom:20px;        /*设置 top 的底部外边距*/
    margin:0px auto;           /*设置 top 在页面居中显示*/
    background-color: #0FF;    /*定义背景色辅助编码，方便查看，终会删除*/
}
```

其次，样式表如下：

```
#Logo {
    width: 159px;              /*设置 Logo 宽度*/
```

```
        height: 41px;                    /*设置 Logo 高度*/
        float: left;                     /*设置 Logo 靠左对齐*/
        background-color: #F00;          /*定义背景色辅助编码，方便查看，终会删除*/
}
#top_link{
        width:360px;                     /*设置 top_link 宽度*/
        height:18px;                     /*设置 top_link 高度*/
        float:right;                     /*设置 top_link 靠右对齐*/
        line-height:18px;                /*设置 top_link 行高*/
        margin-top: 23px;        /*设置 top_link 顶部外边距，间距计算：41-18=23px*/
        background-color: #FF0; /*定义背景色辅助编码，方便查看，终会删除*/
}
```

经验分享　　　在进行 CSS 页面布局时加入背景色。页面 CSS 布局编码时不一定各个布局框架元素都定义背景色或背景图片，在进行 CSS 布局代码调试时，应该尽可能地看清楚各个页面框架元素是不是按照预想的方式进行排列，此时加入背景色辅助编码是非常有效的，可以看清楚各层的排列情况，待页面布局完成时去除此背景色的定义。

STEP 6　　观察页面效果图，导航条的内容栏目居中，导航条 menu 的宽度与 top 一致，高度设置要能完整显示导航背景图片，取值为 97px，效果如图 3-3 所示。

图 3-3　企业网站首页顶部导航条图

```
#menu {
        width:1000px;                    /*设置导航宽度*/
        height: 97px;                    /*设置导航高度*/
        margin:0px auto;                 /*设置导航居中*/
        background-color: #00F;          /*定义背景色辅助编码，方便查看，终会删除*/
}
```

STEP 7　　设置 id 为 banner 的 div 样式。该 div 仅包含一张图片元素，只需设置高度和宽度以及在页面居中显示即可。其样式表如下：

```
#banner{
        width: 1000px;                               /*设置 banner 高度、宽度和居中显示*/
```

```
    height:300px;
    margin: 0 auto;
    background-color: #F0F;              /*定义背景色辅助编码，方便查看，终会删除*/
}
```

STEP 8　设置主体部分的 id 为 main 的 div 样式。该 div 中嵌套包含 id 为 left 和 id 为
　　　　　right 的 div。left 的 div 主要包含以垂直导航形式显示的公司介绍目录，right
　　　　　的 div 主要包含最新的公司新闻等信息。包含框 main 的宽度为 1000px，高度
　　　　　由显示的新闻内容决定，因此高度设计为 auto，两个 div 并列显示在 main 的
　　　　　div 左右两边，需要设置 float 属性。

```
#main {
    width: 1000px;                       /*设置宽度为1000px*/
    height:auto;                         /*设置高度为自动*/
    text-align:left;                     /*设置文本左对齐*/
    margin: 0 auto;                      /*设置块居中显示*/
}
#left {
    width: 227px;                        /*设置宽度为227px*/
    height:376px;                        /*设置高度为376px*/
    float: left;                         /*设置左对齐*/
    background-color: #F90;              /*定义背景色辅助编码，方便查看，终会删除*/

}
#right {
    width: 730px;                        /*设置宽度为730px*/
    height:376px;                        /*设置高度为376px*/
    float: left;                         /*设置左对齐*/
    padding-left: 40px;                  /*设置左外边距*/
    background-color: #6F6;              /*定义背景色辅助编码，方便查看，终会删除*/
}
```

STEP 9　设置 id 为 activity 的 div 样式，设置高度和宽度。在主体部分的两个 div 中都
　　　　　用到了向左浮动，为了不影响底部 div 的显示效果，能在多个浏览器中兼容，
　　　　　我们在 activity 的 div 的前后都添加 id 名为 clear 的空<div>标签，并设置 clear:
　　　　　both 清除浮动。

```
#clear {
    clear:both;                          /*清除浮动*/
}
#activity{
    width: 1000px;                       /*设置宽度为1000px*/
    height:280px;                        /*设置高度为280px*/
```

```
    margin: 0 auto;            /*设置块居中显示*/
    background-color:#CFF;     /*定义背景色辅助编码，方便查看，终会删除*/
}
```

经验分享

clear 属性定义禁止浮动的边，该属性有 4 个值，它们的含义分别是 none（允许两侧有浮动对象）、both（不允许两侧有浮动对象）、left（不允许左侧有浮动对象）和 right（不允许右侧有浮动对象）。

应用浮动（float）来组织页面元素是 CSS 网页布局的重要手段，但并不总是希望内容过于"流动"，在某些时候需要特意避免这样的行为，可以通过在要清除浮动元素的块前设置一个空的<div>标签，再设置该空标签的 clear 属性来清除浮动元素。

STEP 10 设置 id 为 footer 的 div 样式。脚注部分简洁明了，仅包含制作者文本信息，只需设置 div 块的相应宽度和高度，宽度和页面主体部分宽度一致，高度设置为 20px。

```
#footer{
    width: 1000px;          /*设置宽度为1000px*/
    height:20px;            /*设置高度为20px*/
    background-color:#E3E3E3;  /*设置背景颜色*/
    margin: 0 auto;          /*设置块居中显示*/
}
```

STEP 11 测试预览效果。至此，页面 CSS 布局已经完成，由于主要内容块定义了辅助背景色，因此按"F12"快捷键，可以清晰地看到页面布局结构，效果如图 3-4 所示。

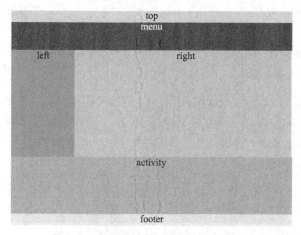

图 3-4　企业网站首页布局测试预览图

★ 支撑知识点

1. 元素的定位概述

网页中各种元素都必须有自己合理的位置，从而搭建出整个页面的结构。本节围绕页面定位的几种技术进行深入介绍，包括 float、position 和 z-index 等。

在（X）HTML 中的所有对象，默认分为两种：块元素（block element）和内联元素（inline element），虽然也存在着可变元素，但只是随上下文关系确定该元素是块元素或者内联元素。所谓块元素是指生成一个元素框，（默认地）它会填充其父级元素的内容，旁边不能有其他元素。换句话说，它在元素框之前和之后生成了"分隔"符。我们最熟悉的 HTML 元素是 p 和 div。内联元素（inline element）也叫行内元素，它在一个文本行内生成元素框，而不会打断这行文本。内联元素最好的例子就是 XHTML 中的 a 元素，strong 和 em 也属于内联元素。这些元素不会在它本身之前或之后生成"分隔符"，所以可以出现在另一个元素的内容中，而不会破坏其显示。

CSS 有三种基本的定位机制：普通流、浮动和绝对定位。除非专门指定，否则所有框都在普通流中定位。也就是说，普通流中的元素的位置由元素在（X）HTML 中的位置决定。

2. float 浮动

float 浮动是 CSS 排版中非常重要的手段，在前面章节中已经有所提及，例如博客网站中的主体块、博客公告列表、最新的新闻或日志等信息的排版，就利用了 float 定位的思想。

CSS 网页布局的原理，就是按照（X）HTML 代码中对象声明的顺序，以流布局的方式来显示它。说到流布局，就不得不提到 float 浮动技术，其实 CSS 的 float 属性，作用就是改变块元素（block element）对象的默认显示方式。

（1）float 浮动属性

语法：

```
float: none | left | right
```

取值：

● none：　默认值，对象不浮动；
● left：对象浮动到左边；
● right：对象浮动到右边。

浮动的框可以左右移动，直到它的外边缘碰到包含框或另一个浮动框的边缘。浮动的元素仍然是网页流的一部分。下面我们观察几种浮动的表现。

在图 3-5 中，不浮动的 div 是块元素，在页面中独占一行，自上而下排列，也就是文档中的流。当框 1 向右浮动时，它脱离文档流并且向右移动，直到它的右边缘碰到包含框的右边缘。

在图 3-5 中，当把框 1 向左浮动时，它脱离文档流并且向左移动，直到它的左边缘碰到包含框的左边缘。因为它不再处于文档流中，所以它不占据空间，实际上覆盖住了框 2，使框 2 在视图中消失。如图 3-6 所示，如果把三个框都向左浮动，那么框 1 向左浮动直到碰到包含框，另外两个框向左浮动直到碰到一个浮动框，三个框呈水平并排在页面中。

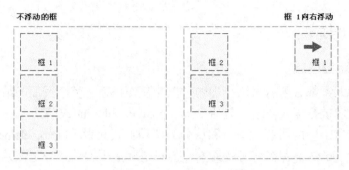

图 3-5　向右浮动的元素示意图

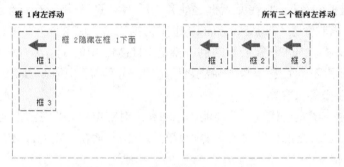

图 3-6　向左浮动的元素示意图

　　在图 3-7 中，如果包含框太窄，无法容纳水平排列的三个浮动元素，那么其他浮动块向下移动，直到有足够的空间。如果浮动元素的高度不同，那么当它们向下移动时可能被其他浮动元素"卡住"。

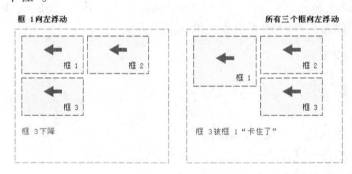

图 3-7　水平空间不够的元素排列情况示意图

（2）浮动清除 clear

　　在非 IE 浏览器（如 Firefox）下，当容器的高度为 auto，且容器的内容中有浮动（float 为 left 或 right）的元素时，容器的高度不能自动伸长以适应内容的高度，使得内容溢出到容器外面而影响（甚至破坏）布局的现象，叫浮动溢出，为了防止这种现象的出现而进行的 CSS 处理，就叫 CSS 清除浮动。

　　语法：

```
clear: none | left | right | both
```

　　取值：

● 　none：　默认值，允许两边都可以有浮动对象；

- left: 不允许左边有浮动对象;
- right: 不允许右边有浮动对象;
- both: 不允许有浮动对象。

为了统一讲解浮动解决方法,假设有三个盒子对象,一个父级 div 里包含了两个子级 div,其中 left、right 这两个子级 div 都使用了 float:left 属性实现在页面中并排,而如果此时我们还想放一个 foot 宽度 600px、高度 100px 的蓝色方块,并让其处于第二行,按如下方式进行代码设置。

html 源代码如下:

```
<div id="box">
<div id="left">left</div>
<div id="right">right</div>
<div id="foot">foot</div>
</div>
```

对应 CSS 代码如下:

```
*{
    margin:0px;
    padding:0px;
    border:0px;
}
#box{
    width:600px;
    margin:0px auto;
    background:#FF9;
    font-size:18px;
    text-align:center;
    }
    #left{
    float:left;
    width:200px;
    height:200px;
    background:#0F0;
}
#right{
    float:left;
    width:400px;
    height:200px;
    background:#F00;
}
#foot{
    width:600px;
```

99

```
    height:100px;
    background:#00F;
}
```

效果如图 3-8 所示，left 和 right 两个框设置了向左浮动后，实现在页面中并排，但是 foot 设置了宽度为 600px、高度为 100px，以及背景颜色为蓝色的方块并没有出现。也就是说事实上并没有出来我们所预想的效果，导致这样的情况是因为我们在 left、right 两个块里设置了 float 属性。

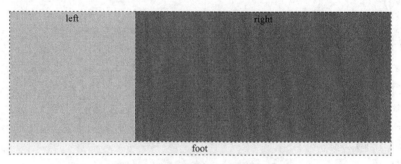

图 3-8　未设置清除浮动前示意图

针对以上情况，可以使用空标签清除浮动，方法是在浮动元素之后添加一个空元素，如<div class="clear"></div>，并在 CSS 中赋予 clear{clear:both;}属性即可清理浮动。

html 源代码如下：

```
<div id="box">
    <div id="left">left</div>
    <div id="right">right</div>
    <div class="clear">right</div>
    <div id="foot">foot</div>
</div>
```

在 CSS 代码中，#right 样式的后面加入：

```
.clear{clear:both;}
```

效果如图 3-9 所示。

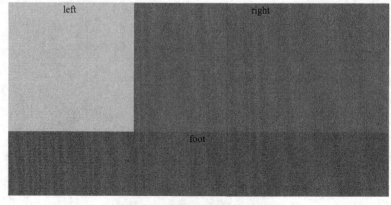

图 3-9　设置清除浮动后示意图

3．position 定位

position 定位与 float 定位一样，也是 CSS 排版中非常重要的概念。position 从字面意思上看就是指定块的位置，即块相对于其父块的位置和相对于它自身应该在的位置，position 属性一共有 4 个值，分别为 static、absolute、relative 和 fixed。

（1）static

static 为默认值，它表示块保持在原本应该在的位置上，即该值没有任何移动的效果，一般不使用。

（2）relative

relative 指相对定位，不脱离文档流，占用文档流的物理空间，以当前元素左上角位置进行 top、right、bottom、left 方向的偏移。如图 3-10 所示，以圆圈为原点向下移动 50px，向右移动 50px。数值取负，则向相反方向移动。

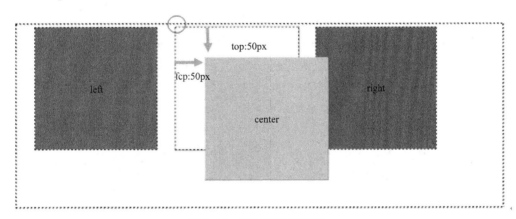

图 3-10　相对定位示意图

CSS 代码如下：

```
#center{position:relative;
    top:50px;
    left:50px;
}
```

值得注意的是在使用相对定位时，无论绿色框是否进行移动，元素仍然占据原来的空间。在图 3-10 中，移动绿色框会导致覆盖了蓝色框。

（3）absolute

absolute 表示绝对定位，当 position 属性值设置为 absolute 时，子块不再从属于父块，同样通过 top、right、bottom、left 属性定义元素偏移位置，其四个方向的参照物以最近的相对定位父元素为准。相对定位是"相对于"元素在文档中的初始位置，而绝对定位是"相对于"最近的已定位祖先元素，如果不存在已定位的祖先元素，那么"相对于"最初的包含块。最初的包含块可能是画布或 HTML 元素，如图 3-11 所示。

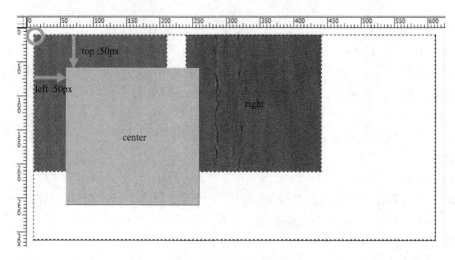

图 3-11　绝对定位示意图

在图 3-11 中，外面的虚线大框为父框，首先设定父框 box 的绝对位置为 top:10px，left:10px，则设置子框 center 绝对位置为 top:50px，left:50px 后，可观察到子框 center 位移是以父框左上角为原点，向下移动 50px，向右移动 50px。在本题中如果没有设置父框 box 绝对定位属性，子框 center 的位移参照画布窗口。

html 源代码如下：

```
<div id="box">
  <div id="left">left</div>
  <div id="center">center</div>
  <div id="right">right</div>
</div>
```

CSS 样式代码如下：

```
#box{
    width:600px;
    height:300px;
    border:#000 1px dashed;
    margin:0px auto;
    font-size:18px;
    text-align:center;
    position:absolute;        /*绝对定位父框，设置 position 属性值为 absolute */
    top:50px;                 /*设置相对画布坐标原点向下移动 50px */
    left:50px;                /*设置相对画布坐标原点向左移动 50px */
}
#left, #center,#right{
    width:200px;
    height:200px;
```

102

```
    float:left;
    line-height:200px;
}
#left{ background:#F00; }
#center{
    background:#0F0;
    position:absolute;        /*绝对定位子框，设置 position 属性值为 absolute */
    top:50px;                 /*设置相对父框向下移动 50px */
    left:50px;                /*设置相对父框向左移动 50px */
}
#right{
    margin-left:30px;
    background:#00F;
}
```

（4）fixed

当将块的 position 参数设置为 fixed 时，本质上与将其设置为 absolute 一样，只不过块不随着浏览器的滚动条向上或者向下移动。很遗憾的是，IE6 以上不支持 position 属性的 fixed 值，因此不推荐使用该值，这里也不再介绍。

（5）z-index 空间位置

z-index 属性用于调整定位时重叠块的上下位置，与它的名称一样，想象页面为 X 和 Y 轴，垂直于页面方向为 Z 轴，z-index 值大的页面位于其值小的上方。z-index 属性的值为整数，可以是正数也可以是负数。当块被设置了 position 属性时，该值便可设置各块之间的重叠高低关系。默认的 z-index 值为 0，当两个块的值一样时，将保持原有的高低覆盖关系。

任务总结

1. 学会画布局框架；
2. 根据框架给出 DIV 结构代码；
3. 掌握 float 浮动定位；
4. 掌握 position 定位；
5. 掌握 z-index 定位。

任务 3-2　企业网站顶部实现

任务目标

● 画出顶端布局图；

- 实现页面顶端布局图；
- 实现下拉、多级菜单制作。

模块知识点

- 理解块元素与行内元素的区别；
- 掌握自定义列表的应用；
- 显示和隐藏属性 display、定位；
- 掌握多级菜单制作；
- 滑动门技术导航条实现。

明确任务

本任务主要是完成企业网站头部 Logo、导航条、banner 实现，顶部效果如图 3-12 所示。

图 3-12　企业网顶部效果图

任务解析

由原图效果可知，根据页面结构和素材图片大小解析顶部大体划分为三个块：Logo 和顶部链接块、menu 块、banner 块，顶部构建布局草图应用天蓝、深蓝、粉色 3 个 div 块来表示，如图 3-13 所示。

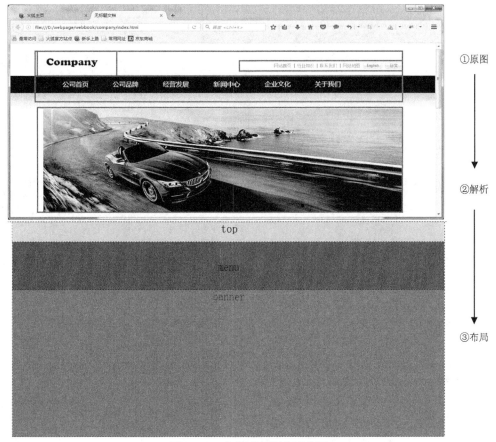

图 3-13 企业网顶部分析草图

⏱ 任务实现

1. 构建顶部 HTML 结构

企业网站页面顶部包含三部分，分别是 top 块、menu 块和 banner 块，其中导航条 menu 的实现是头部的一个重难点部分。导航条一般采用列表制作，列表分有序列表、无序列表和自定义列表，此处用无序列表和自定义列表<dl><dd></dd></dl>嵌套的方式构建导航条，这是多级导航菜单的常用创建方式。前面的章节我们已经介绍有序列表、无序列表，下面介绍自定义列表的定义和用法：

自定义列表和无序列表、有序列表一样，都是表示项目的列表，只不过项目前面没有圆点或序号，它常常用于表达项目及其注释的组合。定义列表的列表项内部可以使用段落、换行符、图片、链接以及其他列表等。

- < dl></ dl>用来创建一个普通的列表；
- < dt></ dt>用来创建列表中的上层项目；
- <dd></ dd>用来创建列表中的最下层项目；
- < dt></ dt>和< dd></ dd>都必须放在< dl></ dl>标志对之间。

105

语法：

```
<dl>
  <dt>标题</dt>
  <dd>描述 1</dd>
  ......
</dl>
```

自定义列表表达项目及其注释的组合代码如下：

```
<dl>
    <dt>火龙果</dt>
    <dd>火龙果又称红龙果、龙珠果，是仙人掌科植物果实，呈椭圆形</dd>
    <dd>生长在亚热带地区</dd>
</dl>
```

运行效果如图 3-14 所示。

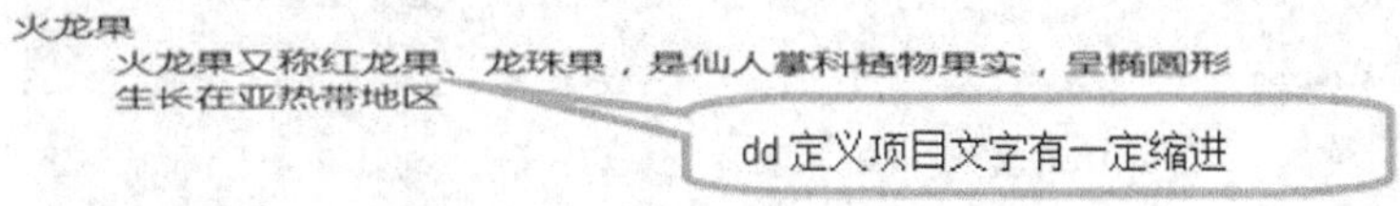

火龙果
火龙果又称红龙果、龙珠果，是仙人掌科植物果实，呈椭圆形
生长在亚热带地区

dd 定义项目文字有一定缩进

图 3-14　自定义列表效果图

自定义列表图文混排，代码如下：

```
<dl>
    <dt><img src="images/iron.jpg" width="100px" height="75px" title="!!"></dt>
    <dd>商品名称：美的蒸气电熨斗</dd>
    <dd>商品价格：99 元</dd>
    <dd>商品简介：超硬超顺滑，140ML 透明大水箱设计</dd>
</dl>
```

运行效果如图 3-15 所示。

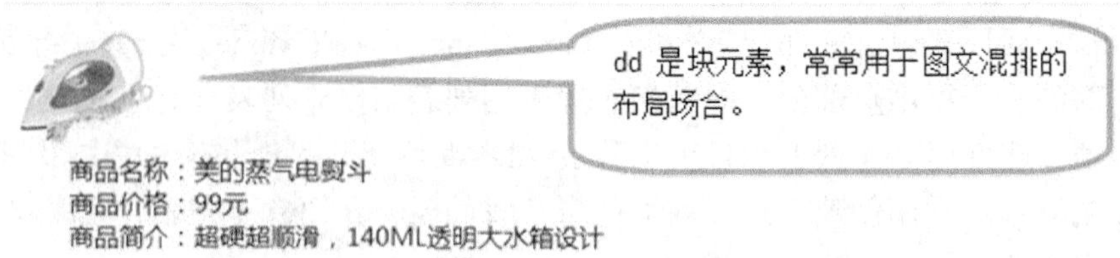

dd 是块元素，常常用于图文混排的
布局场合。

商品名称：美的蒸气电熨斗
商品价格：99元
商品简介：超硬超顺滑，140ML透明大水箱设计

图 3-15　自定义列表图文混排效果图

构建顶部 HTML 的具体实现步骤如下。

STEP 1　构建 Logo 和链接块。首先页面顶部是 Logo 和链接块，Logo 是网站标志，是网站形象的重要体现，它的设计要尽量简洁并且体现网站风格，在图片素材选取上我们采用 gif 格式，同样链接部分两张图片也采用相同的图片格式。

在设计上 Logo 和链接块包含嵌套在顶部 top 块中，并且位于 top 块的左右两边，通过观察 id 为 Logo 的 div 大小和 Logo.gif 图片一致，因此它的宽度和高度分别设置为 154px 和 41px。id 为 top_link 的 div 仅包含页面文本链接元素，设置了宽度为 360px，高度为 18px，文本行高与块高度一致，使文本链接元素实现垂直居中显示。调整 top_link 位于包含框的底部，需要设置 top_link 距离 top 顶部的外边距为 23px（间距计算：41-18=23px）。

因此，根据以上分析规划，绘制出 Logo 和顶部链接块布局和尺寸，如图 3-16 所示。

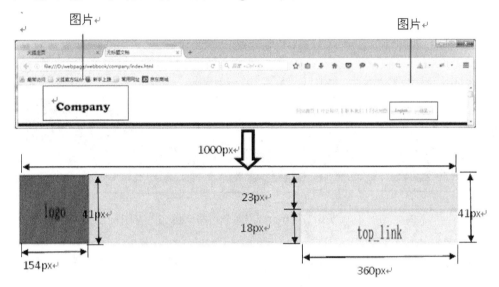

图 3-16　企业网站 Logo 和顶部链接布局草图

打开"编码模式"，在编辑器中打开 index.html 布局页面，找到 id 名为 top 的 div 块，在块中加入两个子 div，id 名分别为 Logo、top_link，在 Logo 块中添加名为 Logo.gif 的图片，然后在 top_link 块中添加文字和图片的对应超链接，代码如下：

```
<div id="top">
  <div id="Logo"><img src="images/Logo.gif" width="159" height="41" /></div>
  <div id="top_link">
    <a href="#">网站首页</a><span>|</span><a href="#">行业知识</a><span>|</span>
    <a href="#">联系我们</a><span>|</span><a href="#">网站地图</a>
    <a href="#"><img src="images/english.gif" alt="英语图标" /></a>
    <a href="#"><img src="images/japan.gif" alt="日文图标" /></a>
  </div>
</div>
```

STEP 2 构建 menu 导航条 HTML 结构。在企业网站中导航由导航背景和一个二级下拉菜单构成，一共设计了六个一级导航块，除了第一个"公司首页"没有二级子菜单外，其他五个导航块都有相应子菜单，menu 块布局和尺寸设计如图 3-17 所示。

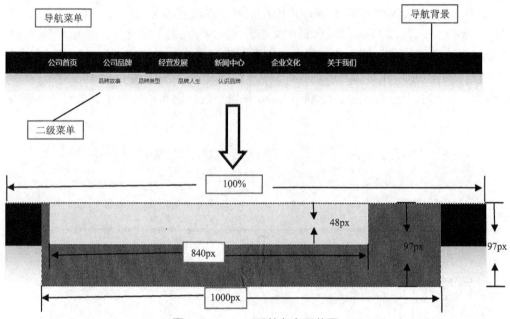

图 3-17 menu 导航条布局草图

menu 导航条 html 代码如下：

```html
<div id=" menu_bg">
  <div id="menu">
      <ul>
        <li><a href="#">公司首页</a></li>
         <li>
            <a href="#">公司品牌</a>
            <dl>
                <dd><a href="#">品牌故事</a></dd>
                <dd><a href="#">品牌类型</a></dd>
                <dd><a href="#">品牌人生</a></dd>
                <dd><a href="#">认识品牌</a></dd>
            </dl>
        </li>
         <li>
            <a href="#">经营发展</a>
            <dl>
                <dd><a href="#">经营业务</a></dd>
                <dd><a href="#">资产发展</a></dd>
                <dd><a href="#">生产经营</a></dd>
                <dd><a href="#">财务报表</a></dd>
            </dl>
        </li>
```

```
        <li>
            <a href="#">新闻中心</a>
            <dl>
                <dd><a href="#">公司要闻</a></dd>
                <dd><a href="#">特别关注</a></dd>
                <dd><a href="#">综合新闻</a></dd>
                <dd><a href="#">新闻动态</a></dd>
            </dl>
        </li>
        <li>
            <a href="#">企业文化</a>
            <dl class="dlstyle">
                <dd><a href="#">文化动态</a></dd>
                <dd><a href="#">企业精髓</a></dd>
                <dd><a href="#">文化论坛</a></dd>
                <dd><a href="#">艺术长廊</a></dd>
            </dl>
        </li>
        <li>
            <a href="#">关于我们</a>
            <dl class="dlstyle">
                <dd><a href="#">公司高层</a></dd>
                <dd><a href="#">开发集团</a></dd>
                <dd><a href="#">收集建议</a></dd>
                <dd><a href="#">关于我们</a></dd>
            </dl>
        </li>
    </ul>
  </div>
</div>
```

STEP 3 构建 banner 块 HTML 结构。banner 是一个表现商家广告内容的图片，放置在广告商的页面上，主要是为了给网站或企业做宣传，形象鲜明地表达最主要的情感思想或宣传目标，标准尺寸是 480px×60px，一般是使用 GIF、JPG 格式的图像文件。在本页面中根据首页效果图，banner 的宽度设计为 1000px，高度设计为 300px，采用 JPG 格式的图像文件。

　　在 menu 块的后面添加 id 名为 banner 的 div 块，在 div 块中加入利用<img>标签添加 top.jpg 图片，html 代码如下：

```
<div id="banner"><img src="images/top.jpg" width="1000" height="300" /></div>
```

2. 设计顶部 CSS 样式

（1）对 Logo 和链接块设计 CSS 样式。

① 根据布局草图规划，分别设计 Logo、top_link 块高度和宽度。若想实现两个 div 左右并排，需要在 CSS 中分别设置这两个 div 的 float 属性值为 left 和 right，实现 Logo 向左浮动，top_link 向右浮动。

```css
#Logo {
    width: 159px;              /*设置 Logo 宽度*/
    height: 41px;              /*设置 Logo 高度*/
    float: left;               /*设置 Logo 靠左对齐*/
}
#top_link{
    width:360px;               /*设置 top_link 宽度*/
    height:18px;               /*设置 top_link 高度*/
    float:right;               /*设置 top_link 靠右对齐*/
    line-height:18px;          /*设置 top_link 行高*/
    margin-top: 23px;          /*设置 top_link 顶部外边距，间距计算：41-18=23px*/
}
```

② 对 top_link 块中的文字和两张图片设计样式。首先运用<span></span>标签为文字设置分隔线，这是一个行级标签，span 没有固定的格式表现。当对它应用样式时，它才会产生视觉上的变化。所以对 span 运用样式，调整链接文字之间的间隔。利用 margin-left 调整 english.gif、japan.gif 两张图片的间距，并且设置图片垂直方向上底部对齐。CSS 代码如下：

```css
#top_link span {
    margin-right: 5px;         /*设置 top_link 链接文字间距*/
    margin-left: 5px;
}
#top_link img {
    margin-left:8px;           /*设置 top_link 链接图片之间的间距*/
    vertical-align:bottom;   /*设置图片底部对齐*/
}
```

③ 为 top_link 块中的超链接文字设计样式。此处注意是对<a>标签设置样式，分别设置了 a 的初始状态为灰色，去掉下划线。为了丰富链接样式，添加了鼠标经过链接文字变红色样式 a:hover。CSS 样式如下：

```css
#top_link a{
    color:#8C8C8C;             /*设置 top_link 链接文字颜色*/
    text-decoration: none;   /*去掉链接下划线*/
}
#top_link a:hover{
    color:#F00;                /*设置鼠标经过 top_link 链接文字颜色变化*/
}
```

④ 去掉 top 块中 CSS 部分的辅助色彩，在浏览器中测试效果如图 3-18 所示。

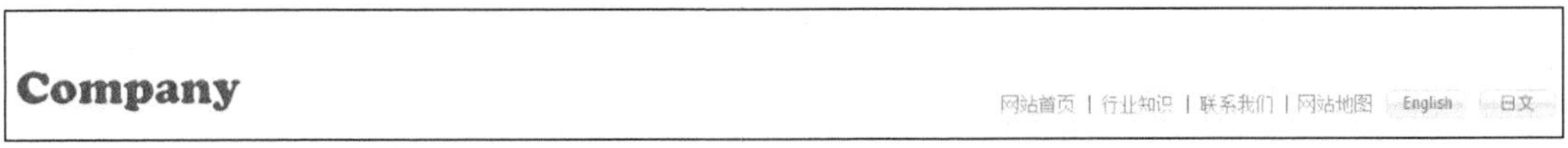

Company　　　　　　　　　　　　　　　　　网站首页｜行业知识｜联系我们｜网站地图　English　｜ 日文

图 3-18　企业网站 Logo 和顶部链接效果图

（2）对导航 menu 设计 CSS 样式。

① 对 menu_bg 和 menu 设计样式。观察页面效果图，导航条的内容栏目居中，其宽度与 top 块接近，而导航条的黑色背景宽度和浏览器窗口一样大，在这里我们可以在导航条 menu 的外面嵌套一个 id 名为 menu_bg 的 div 专门设置背景样式，设置 menu_bg 宽度与浏览器同宽 100%，高度由背景图片 menu_center.jpg 填充，图片属性为 1000px × 97px，设置背景图片在 X 轴上重复。导航条 menu 的宽度与 top 一致，高度设置要能完整显示导航背景图片，取值为 97px。页面的区块间往往需要空白来间隔，可以通过设置 menu_bg 的顶部外边距来实现导航条和 top 间隔，间距值为 20px，导航居中显示。代码如下：

```
#menu_bg {
        background-image: url(../images/menu_center.jpg);      /*设置导航
                                                                 背景图片*/
        background-repeat: repeat-x;          /*设置导航背景图片在 X 轴上重复*/
        margin-top:20px;                      /*设置导航顶部外边距*/
}
#menu {
        width:1000px;                         /*设置导航宽度*/
        height: 97px;                         /*设置导航高度*/
        margin:0px auto;                      /*设置导航居中*/
}
```

提示　　　　div 是个块级元素，对于 menu_bg 这个 div 不设置宽度和高度，则它的宽度与浏览器同宽，而高度取决于嵌套的子块 menu 的高度。

② 对 menu 导航中一级菜单设计 CSS 样式。该导航是个二级导航，在设置 CSS 样式时，可以分级设置，先设置一级无序列表 CSS 样式，成功显示首页初始化时一级菜单的样式，再设置二级菜单，这样无论在出错纠改或是 CSS 样式设计上都比较合理，特别是对于初学者，分步完成会减少复杂度和提高设计的专注度。

样式表的设计由上到下、由外而内，首先对整个列表 ul 块进行设计，为了设计合理和显示美观，列表 ul 块的整体高度与 menu 块的高度一样 97px，包含无序列表和自定义列表的高度；其次对 ul 中的 li 子项目，设置 float：left 实现列表中每个子项 li 块由垂直排列实现横向排列；最后为一级菜单的超链接<a>标签设置初始化样式，包括字体大小、超链接颜色和去除下划线。

display: block 元素显示为块元素，经常用于<a>、<span>标签。当我们在<a>标签里添加 display: block 或 display: inline-block 时，<a>标签就有了块元素的一些特性，此时我们设置<a>标签的宽高才会起作用，包括后面设置的 a:hover 下边框鼠标经过时显示才会有效果。CSS 代码如下：

```
#menu ul {
    height: 97px;                           /*设置列表高度与菜单同高*/
    float: left;                            /*设置向左浮动*/
    list-style: none;                       /*设置去掉列表项目符号*/
    padding-left: 20px;                     /*设置左内边距*/
}
#menu ul li {
    float: left;                            /*设置列表所有子项目左浮动，实现列表水平排列*/
    position: relative;                     /*设置列表的位置为相对定位*/
}
#menu ul li a {
    font-family:"微软雅黑";                  /*设置超链接字体*/
    font-size:18px;
    text-decoration: none;                  /*去掉超链接下划线*/
    color: #FFF;                            /*设置超链接字体颜色*/
    display: block;                         /*设置超链接以块状形式显示*/
    height: 48px;                           /*设置超链接块高度*/
    width: 140px;                           /*设置超链接块宽度*/
    line-height: 48px;                      /*设置超链接块行高，实现垂直方向居中*/
    text-align: center;                     /*设置超链接块文字水平方向居中*/
}
#menu li a:hover {
    border-bottom: 2px solid #ccc;          /*设置鼠标经过时无序列表显示的下划线样式*/
    color:#FF0;                             /*设置鼠标经过时无序列表文字颜色为黄色*/
}
```

③ 对 menu 导航中二级菜单设计 CSS 样式。用 dl 自定义的列表，在页面初始化时不可见，只有当鼠标移动到对应的菜单项目上时才显示。首先对 dl 设置 display: none 实现初始化隐藏，相应在鼠标经过一级菜单项目时，也就是 li:hover 对应 dl 列表设置为 display: block，实现鼠标经过 dl 以块状显示。

其次设置 dl 显示的位置，此处用 position 属性的 top 和 left 实现块定位，注意此时 position 取值为 absolute，需要在上一级菜单的父框 li 中设置 position: relative。

最后设置 dd 块中超链接 a 的样式和鼠标经过 dd 中的链接时文字颜色变化，注意对选择器表达的准确，这两项选择器分别表达为#menu ul li dl dd a 和#menu li dl dd a:hover，准确规范的表达选择器是样式表书写的基本要求。

```
#menu ul li dl {
    display: none;                          /*设置页面初始化时二级菜单 dl 中的内容隐藏*/
    position: absolute;                     /*设置二级菜单 dl 显示的坐标*/
```

```
    top: 30px;                /*dl 距离顶部 30px*/
    left: 0px;                /*dl 距离左边 0px*/
    width: 400px;             /*设置二级菜单 dl 的总宽度*/
    padding-top:12px;         /*调节 dl 与 menu 顶部的间距*/
}
#menu ul li dl dd {
    float: left;              /*设置二级菜单 dl 中的每个子项向左浮动,实现横向排列*/
}
#menu ul li:hover dl {
    display: block;           /*设置鼠标经过 li 时 dl 以块状形式显示*/
}
#menu ul li dl dd a {
    color: #000;              /*设置初始状态下二级菜单中的超链接字体颜色为黑色*/
    display: block;           /*设置<a>标签以块状形式显示*/
    width: 100px;             /*设置<a>标签块状显示的宽度*/
    font-size: 14px;
}
#menu li dl dd a:hover {
    color: #785c18;           /*设置鼠标经过二级菜单中的超链接时字体变化的颜色*/
}
```

提示

在设计下拉菜单时，常常用 position 实现菜单定位，若 position 取值为 absolute，当浏览器的大小发生变化了，那么二级导航就错位，因为设置此属性值为 absolute 会将对象拖离出正常的文档流绝对定位，而不考虑它周围内容的布局。

此时需要在上一级菜单的父级中设置 position: relative，则参照父级（最近）的内容区的左上角为原始点结合 trbl 属性进行定位（或者说相对于被定位元素在父级内容区中的上一个元素进行偏移），无父级则以 body 的左上角为原始点。

（3）对 banner 块设计 CSS 样式。

定义 banner 的宽度 width 为 1000px，高度 height 为 300px，margin 取值上下为 0，左右 auto，实现 banner 在页面居中显示。

```
#banner{
    width: 1000px;   /*设置 banner 宽度*/
    height:300px;    /*设置 banner 高度*/
    margin: 0 auto; /*设置在页面中居中显示*/
}
```

（4）企业网站顶部 top、menu、banner 设计完成，选择编辑器的"F12"快捷键，在火狐浏览中浏览的效果如图 3-19 所示。

图 3-19　企业网站顶部效果图

⭐ 支撑知识点

1．HTML 中的块元素和行内元素

我们在设计页面布局的时候,一般会将 html 元素分为两种，即块元素（block element）和行内元素（inline element，也称内联元素）。行内元素和块元素对于前端来说是一个很重要的概念。两者之间是有区别的，比如我们设定一个行内元素"border-bottom:1px solid #000;"时其表现是以每行进行重复，每一行下方都会有一条黑色的细线，如果是块元素，那么所显示的黑线只会在块的下方出现。下面我们来进一步探讨这两个元素。

（1）块元素

① 块元素定义。

块元素（block element）顾名思义就是以块显示的元素，高度和宽度都是可以设置的，默认状态下它会填充其父级元素的内容，旁边不能有其他元素。块元素一般是其他元素的容器元素，能容纳其他块元素或行内元素，比如我们常用的<div>、<p>、<ul>默认状态下都是属于块元素。简而言之，块元素就好比一个四方块，可以放其他的四方块，并可以呈现在页面上的任何地方。默认情况下块元素显示为块状，独占一行。

② 块（block）元素的特点。

● 总是在新行上开始；

● 高度、行高以及外边距和内边距都可控制；

● 宽度默认是它的容器的 100%，除非设定一个宽度；

● 它可以容纳行内元素和其他块元素。

③ 常见块元素。

根据使用场合，块级标签又可以细分为基本块级标签和用于布局的块级标签。

● 基本块级标签

基本块级标签包括：标题标签<h1>、<h2>…<h6>，段落标签<p>和水平线标签<hr/>。例如，在页面中添加几个块级标签，代码如下：

```
<body>
   <h1>海软欢迎你</h1>
   <p>海软是梦想的摇篮！</p>
   <p>选择海软，成就梦想！</p>
</body>
```

效果如图3-20所示。

海软欢迎你

海软是梦想的摇篮！

选择海软，成就梦想！

图3-20 基本块级标签效果图

● 常用于布局的块级标签

常用于布局的块级标签包括：有/无序列表标签<ul>、<ol>和<li>，自定义列表标签 <dl>和<dd>，表格<table>，表单 <form>，分区标签 <div>。代码如下：

```
<div style="width:400px;height:300px">
   <p>......</p>
   <h3>新手上路</h3>
   <ul>
   ......
   </ul>
div其实就是一个容器......
   </div>
```

效果如图3-21所示。 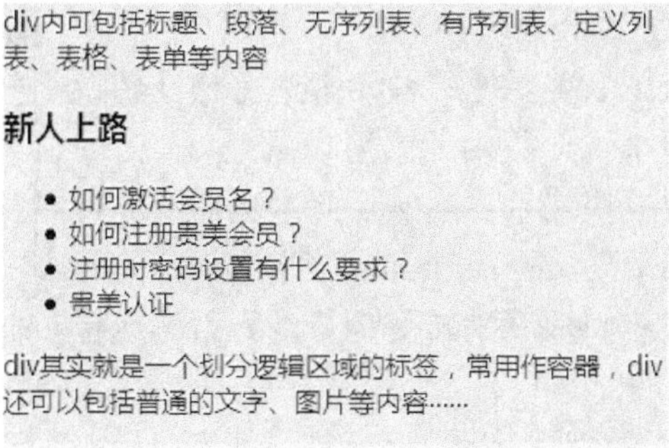

div内可包括标题、段落、无序列表、有序列表、定义列表、表格、表单等内容

新人上路

- 如何激活会员名？
- 如何注册贵美会员？
- 注册时密码设置有什么要求？
- 贵美认证

div其实就是一个划分逻辑区域的标签，常用作容器，div还可以包括普通的文字、图片等内容......

图3-21 常用于布局的块级标签效果图

（2）行内元素

① 行内元素定义。

行内元素在一个文本行内生成元素框，而不会打断这行文本。行内元素的高度、宽度

115

都是不可以设置的，其宽度就是自身文字或者图片的宽度。一般都是基于语义级(semantic)的基本元素。行内元素只能容纳文本或者其他行内元素，这些元素不会在它本身之前或之后生成"分隔符"，所以可以出现在另一个元素的内容中，而不会破坏其显示。我们常用到的<a>、<span>、<em>都属于行内元素。

② 行内元素的特点。

- 和其他元素都在一行上；
- 高、行高及外边距和内边距不可改变；
- 宽度就是它的文字或图片的宽度，不可改变；
- 行内元素只能容纳文本或者其他行内元素。

③ 基于行内元素的特点，对行内元素，需要注意如下。

- 设置宽度 width 无效；
- 设置高度 height 无效，可以通过 line-height 来设置；
- 设置 margin 只有左右 margin 有效，上下无效；
- 设置 padding 只有左右 padding 有效，上下则无效。注意元素范围是增大了，但是对元素周围的内容是没影响的。

④ 常见的行级元素。

- 图像标签 <img/>：添加图像；
- 范围标签 <span> ：显示某行内的独特样式；
- 换行标签
 ：换行；
- 超链接标签<a/>：用于超链接。

示例代码如下：

```
<body>
  <a href="#"><img src="images/tv.jpg" title="精品热卖" /></a>
<p>商品价格：仅售<span style="color:red;font-size:70px;">1</span>元</p>
</body>
```

效果如图 3-22 所示。

（3）块元素和行内元素的相互转换

在网页设计中，我们往往需要把两种元素进行相互转换来达到设计的效果。一般来说，行内元素可以通过 CSS 的"display:block;"将其更改成块元素，当然块元素也能变成行内元素，那就是通过 CSS 的"display:inline;"来实现。此外还有个特殊的，float 也具有将块元素转变为行内元素，或将行内元素转变成块元素的功能。

图 3-22　常见行内元素效果图

① 块元素和行内元素的默认状态。<p>是块元素，<a>是行内元素，下面我们观察这两个元素在浏览器中的默认状态。

html 代码结构如下：

```
<body>
    <p>test_1</p>
```

```
    <p>test_2</p>
    <p>test_3</p>
    <a href="#">超链接 1</a>
    <a href="#">超链接 2</a>
</body>
```

CSS 样式代码如下：

```
p{  background-color:#F00;  }
a{  background-color:#FF6;  }
```

在火狐中的运行效果如图 3-23 所示。

图 3-23 块元素和行内元素默认状态效果图

由图 3-23 可以看到，在默认情况下块元素<p>独自占文档流的一行，而行内元素<a>只占文本的部分。

② 加上高度和宽度的块元素和行内元素。图 3-23 代码中的 html 结构不变，现在我们在 CSS 中为这两元素加上宽度和高度：

```
p{ background-color:#F00;
   width:100px;
   height:100px;
}
a{background-color:#FF6;
   width:100px;
   height:100px;}
```

再次观察浏览器运行效果，可以看到块元素<p>受到了影响，而行内元素<a>没有受到影响，也就是说设置的高度和宽度对行内元素<a>失效，效果如图 3-24 所示。

③ 使用 display 实现行内元素和块元素的相互转变。现在我们在图 3-24 的 CSS 代码中为<p>标签加入"display:inline;"和为<a>标签加入"display:block;"，CSS 代码如下：

```
p{
   background-color:#F00;
   width:100px;
   height:100px;
   display:inline;          /*块元素转变为行内元素*/
}
a{
   background-color:#FF6;
   width:100px;
```

```
   height:100px;
   display:block;        /*行内元素转变为块元素*/
}
```

再次观察浏览器运行效果，可以观察到<p>标签转变为行内元素，而<a>标签拥有了块的属性，效果如图 3-25 所示。

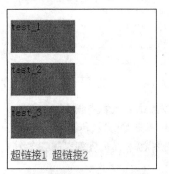

图 3-24　块元素和行内元素区别效果图　　图 3-25　使用 display 实现行内元素和块元素相互转变效果图

使用 float 实现行内元素和块元素的相互转变。现在我们在图 3-24 的 CSS 代码中为<p>标签和为<a>标签加 "float:left;"，其 CSS 代码如下：

```
p{
  background-color:#F00;
  width:100px;
  height:100px;
  float:left;             /*块元素转变为行内元素*/
}
a{
  background-color:#FF6;
  width:100px;
  height:100px;
  float:left;             /*行内元素转变为块元素*/
}
```

再次观察浏览器运行效果，发现设置了 float 属性后<p>标签转换为行内元素，而且保留块元素的特点，拥有高度和宽度，不难理解在前面的布局中我们都是用 float 属性实现块布局；<a>标签转换为块级元素，而且保留行内元素不会在它本身之前或之后生成"分隔符"的特点，效果如图 3-26 所示。

图 3-26　使用 float 实现行内元素和块元素相互转变效果图

由以上 4 个示例看出块元素和行内元素可以通过 display 和 float 的属性进行相互转换。同时对于块元素，如果没有 CSS 的作用，块元素会按顺序以每次另起一行的方式一直往下排。而有了 CSS 以后，我们可以改变这种 HTML 的默认布局模式，把块元素摆放到你想要的位置上去。对于行内元素，则没有自己的独立空间，它是依附于其他块元素存在的，因此，对行内元素设置高度、宽度、内外边距等属性都是无效的。

2. 列表实现多级菜单样式

从形式上分析，导航菜单可分为横向导航菜单、纵向导航菜单两种结构。横向导航菜单主要用于网站主导航，一般放在网站头部，用于划分网站的各类信息，具有占用空间小，位置固定的特点。纵向导航菜单主要用于网站的信息分类，一般放在网站的侧面。横向导航菜单和纵向导航菜单结合，演变出下拉导航菜单及多级导航菜单。下面利用列表构建一个三级菜单，其 HTML 结构如下：

```html
<div id="box">
    <ul id="menu">
    <!--一级列表项目-->
        <li><a href="#">文科类</a>
            <!--二级列表项目-->
            <dl>
                <dd><a href="#">语文</a></dd>
                <dd><a href="#">政治</a></dd>
                <dd><a href="#">历史</a>
                    <!--三级列表项目-->
                    <dl>
                     <dd><a href="#">现代史</a></dd>
                     <dd><a href="#">古代史</a></dd>
                     <dd><a href="#">人类史</a></dd>
                    </dl>
                </dd>
            </dl>
        </li>
        <!--一级列表项目-->
        <li><a href="#">理科类</a>
            <!--二级列表项目-->
            <dl>
             <dd><a href="#">数学</a></dd>
             <dd><a href="#">物理</a></dd>
             <dd><a href="#">化学</a></dd>
            </dl>
        </li>
```

```html
    <!--一级列表项目-->
    <li><a href="#">艺术类</a>
       <!--二级列表项目-->
       <dl>
        <dd><a href="#">音乐</a></dd>
        <dd><a href="#">舞蹈</a></dd>
        <dd><a href="#">乐器</a></dd>
       </dl>
    </li>
    <!--一级列表项目-->
    <li><a href="#">体育类</a>
       <!--二级列表项目-->
       <dl>
        <dd><a href="#">武术</a></dd>
        <dd><a href="#">田径</a></dd>
        <dd><a href="#">体操</a></dd>
       </dl>
    </li>
  </ul>
 </div>
```

CSS 样式表代码如下：

```css
*{ margin:0;
  padding:0;
 }
/* 定义多级菜单的宽度*/
#box{width:500px;
    margin:10px auto;}
ul{   list-style:none;  }
/*定义一级列表项目左浮动、块状显示、列表宽度、背景颜色和边框颜色*/
 ul li{
     float:left;
     display:block;
     width:70px;
     text-align:center;
     background-color:#390;
     border-right:1px solid blue;
     border-top:1px solid blue;
     border-bottom:1px solid #fff;
     border-left:1px solid #fff;
```

```
}
/*定义列表中超链接的样式*/
ul li a {
    color:#000;
    line-height:30px;
    text-decoration:none;
}
ul li dl{display:none;                      /*隐藏一级列表*/  }
ul li dl dd{position:relative;}             /*设置二级列表的位置为相对定位*/
ul li:hover dl dd dl {
    display:none;                           /*隐藏二级列表*/
}
ul li:hover dl{
    display:block;                          /*鼠标经过时二级列表块状显示 */
}
/*鼠标经过一级列表项和二级列表项时三级列表显示*/
ul li:hover dl dd:hover dl{
    display:block;
    position:absolute;                      /*设置三级列表项目绝对位置*/
    left:70px;                              /*设置三级列表项目左上角位置70px*/
    width:70px;
    top:0px;                                /*设置三级列表项目顶部位置0px*/
    text-align:center;
    background-color:#0F6;
    border-right:1px solid blue;
    border-top:1px solid blue;
    border-bottom:1px solid #fff;
    border-left:1px solid #fff;
}
/*鼠标经过时三级列表显示并设置其背景颜色 */
ul li:hover dl dd a:hover{
    background-color:#0FF;
    display:block;
}
```

在浏览器中运行结果如图 3-27 所示。

3. 实现滑动门导航条

滑动门技术就是当点击页面上的导航按钮后
这个导航按钮的 CSS 特性发生变化，从而区别于

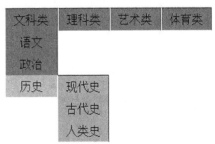

图 3-27　使用列表制作多级下拉菜单效果图

该组的其他导航按钮，提示给操作者，当前浏览的内容就是这个 CSS 特性发生变化的按钮所指向的内容。这种效果的一大好处在于，在多导航的页面上能够清晰地反映当前浏览内容隶属于哪个栏目或者哪个类，同时给人以美观、清晰、明了的视觉感受。下面介绍用列表实现当鼠标经过顶部的每个选项时实现内容切换的滑动门菜单。其 HTML 结构如下：

```html
<div class="w936">
 <div id="tb_" class="tb_">
 <!--滑动菜单顶部列表项-->
  <ul>
  <li id="tb_1" class="hovertab" onmouseover="x:HoverLi(1);">
  ASP.NET</li>
  <li id="tb_2" class="normaltab" onmouseover="i:HoverLi(2);">
  MYSQL</li>
  <li id="tb_3" class="normaltab" onmouseover="a:HoverLi(3);">
  DELPHI</li>
  <li id="tb_4" class="normaltab" onmouseover="o:HoverLi(4);">
  VB.NET</li>
  <li id="tb_5" class="normaltab" onmouseover="g:HoverLi(5);">
  JAVA</li>
  <li id="tb_6" class="normaltab" onmouseover="z:HoverLi(6);">
  PHP5</li>
  </ul>
 </div>
 <div class="ctt">
 <!--用 DIV 设置六个包含框内容用于显示当鼠标滑过每个项目列表时内容变换-->
  <div class="dis" id="tbc_01">这里是 ASP.NET 的相关内容</div>
  <div class="undis" id="tbc_02">这里是 MYSQL 的相关内容</div>
  <div class="undis" id="tbc_03">这里是 DELPHI 的相关内容</div>
  <div class="undis" id="tbc_04">这里是 VB.NET 的相关内容</div>
  <div class="undis" id="tbc_05">这里是 JAVA 的相关内容</div>
  <div class="undis" id="tbc_06">这里是 PHP5 的相关内容</b>
  </div>
 </div>
</div>
```

CSS 代码如下：

```css
*{font-size:12px;}
html,body{
  margin:0px 10px;
  text-align:center;
  over-flow:hidden;
  height:100%;
```

```
      width:100%;}
   UL{list-style-type:none; margin:0px;}
   /* 标准盒模型 */
   .ttl{height:18px;}
   .ctt{height:auto;
      padding:6px;
      clear:both;
      border:1px solid #064ca1;
      border-top:0px;
      text-align:left;}
   .w936{margin:2px 0px;
      clear:both;
      width:936px;/*滑动门的宽度*/}
   /* TAB 切换效果 */
   .tb_{background-image: url('http://www.codefans.net/jscss/demoimg/200901/
tabs1.gif');
      background-repeat: repeat-x;
      background-color: #E6F2FF;}
   .tb_ ul{height:24px;}
   .tb_ li{float:left;
      height: 24px;
      line-height:1.9;
      width: 94px;
      cursor:pointer;}
   /* 控制显示与隐藏 CSS 类 */
   .normaltab{ background-image:url('http://www.codefans.net/jscss/demoimg
/200901/tabs2.gif');
      background-repeat: no-repeat;
      color:#1F3A87 ;}
   .hovertab{ background-image: url('http://www.codefans.net/jscss/demoimg/
200901/tabs3.gif');
      background-repeat: no-repeat;
      color:#1F3A87;
      font-weight:bold }
   .dis{display:block;}
   .undis{display:none;}
```

添加 JavaScript 代码实现鼠标经过时对列表项的选择：

```
<script type="text/JavaScript" language="JavaScript">
//<![CDATA[
```

```
function g(o){return document.getElementById(o);}
function HoverLi(n){
//如果有 N 个标签,就将 i<=N;
for(var i=1;i<=6;i++){
    g('tb_'+i).className='normaltab';g('tbc_0'+i).className='undis';
    }
    g('tbc_0'+n).className='dis';g('tb_'+n).className='hovertab';
}
//如果要做成点击后再转到请将<li>中的 onmouseover 改成 onclick;
//]]>
</script>
```

在浏览器中运行结果如图 3-28 所示。

ASP.NET	MYSQL	DELPHI	VB.NET	JAVA	PHPS

这里是ASP.NET的相关内容

图 3-28　使用列表制作滑动菜单效果图

任务总结

1. 根据框架给出 div 结构代码；
2. 掌握 CSS 语法；
3. 掌握 float 浮动定位；
4. 掌握 position 定位；
5. 掌握列表元素制作多级菜单；
6. 掌握滑动门技术。

任务 3-3　企业网站主体左侧导航与搜索栏实现

任务目标

● 实现左侧垂直导航；
● 实现左侧搜索栏。

模块知识点

● 掌握常用表单元素应用；
● 掌握表单元素样式设计。

明确任务

本任务主要是完成企业网站主体部分的左侧导航和搜索栏部分，最终主体部分完成效果如图 3-29 所示。

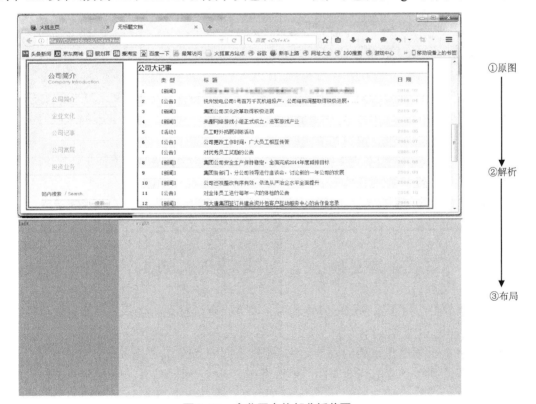

图 3-29　企业网主体部分效果图

任务解析

由效果图可知，根据页面结构和内容排版要求解析主体部分划分为两块：left 块、right 块，其中 left 块中划分为 list、search 两部分，黄色表示 left 块，绿色表示 right 块，如图 3-30 所示。

图 3-30　企业网主体部分分析草图

任务实现

下面开始构建左侧列表和搜索栏，左侧 div 块 left 可以划分成两个 div，一个存放左侧列表，另外一个存放搜索栏。左侧列表主要表现的是企业网站的子页面目录，包含公司介绍等，这里主要采用列表的形式来实现；搜索栏要实现内容在网站中的检索，可以运用表单元素实现。

1. 构建左侧列表和搜索栏结构

在 HTML 中经常使用 list 标签来完成列表的设计，列表在前面的章节中我们已经详细介绍过，这里不再重复。搜索栏完成的是网页中信息的检索，这里使用的是表单元素。

表单和表单元素的定义：表单用于搜集不同类型的用户输入，用一对<form></form>标签来表达。表单是一个集合概念，它由众多表单元素组成。常见表单元素有文本框、多行文本框、单选按钮、下拉菜单和按钮等。<form>标签是一个包含框，里面包含所有的表单元素，通过浏览器看不到任何效果，但是在设计器中通过"设计"视图可以看到红色虚线的四边框。

下面我们先来了解下网页中常用的表单元素。

（1）<form>元素

语法：

```
<FORM ACTION="URL" METHOD="GET|POST" ENCTYPE="MIME" TARGET="...">. . .</FORM>
```

<from>元素属性解释如下：

● action="url"指定一个处理提交表单的格式。它可以是一个 URL 地址（提交给程序），也可以是一个电子邮件地址。

● method="get|post"指明提交表单的 HTTP 方法，可能的值为 post 和 get。POST 方法在表单的主干包含名称/值对，并且无需包含于 action 特性的 URL 中。GET 方法把名称/值对加在 action 的 URL 后面并且把新的 URL 送至服务器。这是往前兼容的默认值，但由于国际化的原因不赞成使用 get 值。

● enctype=MIME 指明用来把表单提交给服务器时（当 method 值为"post"）的互联网媒体形式。这个特性的默认值是"application/x-www-form-urlencoded"。

● TARGET="..."指定提交的结果文档显示的位置。

（2）<input>元素

语法：

```
<from> <input name="控件名称" type=" 控件类型"/> </from>
```

< input >元素属性解释如下：

● type 属性决定了输入域的具体选项，如果没有设置 type 的属性，按照表单的文本框处理。

● <input>元素是最重要的表单元素，根据不同的 type 属性，<input>元素的形态有很多种，下面我们列举本节用到的属性，稍后将在"支撑知识点"中介绍更多有关输入类型的知识。

类　　型	描　　述
text	定义常规文本输入
button	定义可单击的按钮（提交表单）

（3）文本输入类型——text

text 属性值用来设定在表单的文本域中输入任何类型的文本、数字或字母。输入的内容以单行显示，其语法如下：

```
<input  type=" text" name="控件名称" size="控件长度" value="文本框中默认值"/>
```

其属性解释如下：

● name 指文字字段的名称，用于和页面中其他控件加以区别，命名时不能包含特殊字符，也不能以 HTML 预留作为名称。

● size 定义文本框在页面中显示的长度，以字符作为单位。

● value 定义文本框中的默认值。

示例代码如下：

```
<form>
 UserName:<input type="text" name="username"  value =" username"/>
</form>
```

运行效果如图 3-31 所示。

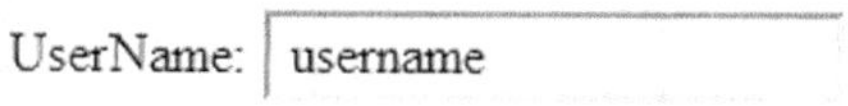

UserName: username

图 3-31　文本输入类型——text 效果图

（4）图像域——image

如果网页使用了较为丰富的色彩，或复杂一些的设计，这时可以使用图像域创建与网页整体效果统一的图像提交按钮。图像域是指可以用在提交按钮位置上的图片，这幅图片具有按钮的功能。其语法如下：

```
<input  type=" image" name="图像域的名称" src="图像地址" />
```

图像地址可以是绝对地址也可以是相对地址。

示例代码如下：

```
<form>
 UserName:
<input type="text" name="username"  value =" username"/>
<input type="image" name="image1"  src="images/426.gif" id="image1"/>
</form>
```

运行效果如图 3-32 所示。

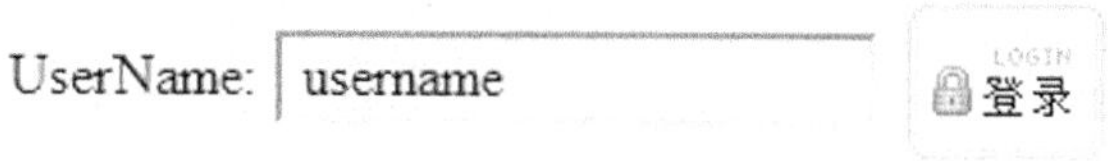

UserName: username　　　🔒LOGIN 登录

图 3-32　图像域——image 效果图

构建左侧列表和搜索栏结构的具体实现步骤如下。

STEP 1 打开编码模式，在编辑器中打开 index.html 布局页面，找到 id 名为 left 的 div 块，在块中加入两个子 div，id 名分别为 list 和 search，代码如下：

```
<div id="left">
    <div  id="list"></div>
    <div  id="search"></div>
</div>
```

STEP 2 在 list 块中添加无序列表，并为每个子项添加对应的超链接，代码如下：

```
<div id="list">
 <ul>
  <li><a href="#">公司简介</a></li>
  <li><a href="#">企业文化</a></li>
  <li><a href="#" id="now">公司记事</a></li>
  <li><a href="#">公司高层</a></li>
  <li><a href="#">投资业务</a></li>
 </ul>
</div>
```

STEP 3 在 search 块中添加表单及表单元素文本输入框和图片域，代码如下：

```
<div id="search">
 <form id="form1" name="form1" method="post" action="">
   <img  src="images/search.gif"  alt="搜索文本图片" />
   <input name="search_name" type="text" id="search_name" tabindex="1" />
   <input name="button"type=" image"  id="search_btn"  tabindex="2"
   src="images/search_btn.gif" />
 </form>
</div>
```

2. 对 left、list、search 块设置 CSS 样式

（1）对 left 块设置 CSS 样式。根据布局草图规划，分别设计 left 块宽度和高度，实现 left、right 左右并排，在 CSS 中设置 float 属性值为 left，为 left 块添加背景图片 left_bg.gif，图片以 X 轴方向重复。

```
#left {
    width: 227px;                      /*设置宽度为 227px*/
    height:376px;                      /*设置高度为 376px*/
    float: left;                       /*设置左对齐*/
    margin-top:20px;                   /*设置顶部外边距 20px*/
    background-image: url(../images/left_bg.gif);    /*添加背景图片*/
    background-repeat: repeat-x;                      /*X 轴方向重复*/
}
```

（2）对 list 块设置 CSS 样式。设置 list 块高度和宽度，并为其添加背景图片 profile.gif，调整顶部内边距为 72px。为增加列表外观立体感，设置列表子项边框为实线型、上边框为 2px，#FFF，下边框为 1px，#CCC。设置列表中超链接的文字样式，并添加鼠标经过特效，当鼠标经过时字体加粗、颜色变黑。CSS 代码如下：

```css
#list {
    background-image: url(../images/profile.gif); /*添加背景图片 */
    background-repeat: no-repeat;           /*背景图片不重复*/
    height: 250px;                          /*设置 list 高度*/
    width: 227px;                           /*设置 list 宽度*/
    padding-top: 72px;                      /*设置顶部内边距*/
}
#list ul li {
    list-style: none;                       /*清除项目符号*/
    border-bottom:1px solid #CCC;           /*实现立体效果边框*/
    border-top:2px solid #FFF;              /*设置列表子项的边框宽度、线型和颜色*/
}
#list li a{
    color:#999;                             /*设置超链接样式*/
    text-decoration:none;
    font-size:14px;
    display:block;
    width:120px;
    height:40px;
    line-height:40px;
    padding-left:60px;
}
#list li a:hover{                           /*设置鼠标经过时字体加粗、颜色变黑*/
    font-weight:bold;
    color:#000;
}
```

（3）对 search 块设置 CSS 样式。首先设计 search 块高度和宽度，调整左外边距为 35px；其次设计文本输入框 search_name 的高度和宽度、文本输入框的背景颜色取和列表背景相近的颜色，设计输入框边框样式，输入字体样式，调整顶部外边距，并向左浮动实现和图片按钮并排；最后设计图片按钮 search_btn 向右浮动，调整顶部外边距为 5px，代码如下：

```css
#search {
    height: 48px;           /*设置高度*/
    width: 164px;           /*设置宽度*/
    margin-left: 35px;      /*设置外边距*/
```

```
}
#search_name {
    background-color:#ECECEC;          /*设置文本输入框的背景颜色*/
    height: 16px;                      /*设置文本输入框的高度*/
    width: 108px;                      /*设置文本输入框的宽度*/
    border: 1px solid #D2D3D7;         /*设置文本输入框的边框样式*/
    margin-top: 5px;                   /*设置文本输入框顶部外边距*/
    font-family: "宋体";               /*设置文本输入框的字体*/
    font-size: 12px;                   /*设置文本输入框的字体大小*/
    color: #666666;                    /*设置文本输入框的字体颜色*/
    float: left;                       /*设置文本输入框向左浮动*/
}
#search_btn{
    float: right;                      /*设置图片按钮向右浮动*/
    margin-top: 5px;                   /*设置图片按钮顶部外边距*/
}
```

（4）left 块在浏览器中测试效果如图 3-33 所示。

图 3-33　企业网站左侧导航和搜索栏效果图

⭐ 支撑知识点

　　表单的应用范围非常广泛，其功能主要是收集客户提供的相关信息，使网页具有交互的功能。它是 HTML 页面与浏览器实现交互的重要手段。在网页的制作过程中，尤其是制作动态网页时常常需要使用表单，例如在进行用户注册时，就必须通过表单填写用户的相关信息。

表单中主要包含两大类控件：输入类和菜单列表类。输入类控件一般以 input 标签开始，说明这一控件需要用户输入；而菜单列表类则以 select 标签开始，表示用户需要选择。下面我们继续对表单中这两类控件的添加和使用方法加以说明。

1. 输入类控件

在 HTML 表单中，<input>标签是最常用的输入控件标签，这个标签的基本语法是：

```
<from>
  <input name="控件名称" type=" 控件类型" />
</from>
```

控件名称是便于程序区分不同控件，type 参数则是确定了这个控件域的类型，<input>标签所包含的控件类型如表 3-1 所示。

表 3-1　输入类控件的 type 取值

type 取值	含　义
text	文本字段
password	密码域，页面中输入时以 "*" 或 "." 代替
radio	单选按钮
checkbox	复选框
submit	提交按钮
reset	重置按钮
button	普通按钮
image	图像提交按钮
hidden	隐藏域，不显示在 Web 页面上，只将内容传递到服务器中
file	文件域

（1）密码域——password

在表单中文本域有 text 和 password 两种表达形式，其中 text 在前面已经介绍过，输入到 password 中的文字以 "*" 或 "." 显示。语法如下：

```
<input type="password" name="控件名称" maxlength="最大字符" value="默认值" />
```

其中 name 参数是域的名称，用于区分页面中其他控件，命名时不能包含特殊字符，也不能以 HTML 预留字作为名称。maxlength 定义在文本框中最多可以输入的字符数，value 定义密码域的默认值，同样以 "*" 或 "." 显示。

示例代码如下：

```
<form>
  User name:<input type="text" name="username" /><br />
  User password:<input type="password" name="psw" /><br />
</form>
```

（2）单选按钮——radio

单选按钮以一个圆框表示，能够进行项目的单项选择。语法如下：

```
<input type="radio" name="按钮名称" value="单选按钮的值" checked="checked"/>
```

其中 value 用来表示传送到处理程序中的值，checked 表示这一单选按钮默认被选中，在一个单选按钮组中只能一项单选按钮控件设置为 checked。

示例代码如下：

```
<form>
    <input type="radio" name="red" value="apple" checked=" checked " />苹果
    <br />
    <input type="radio" name=yellow" value="orange" />橘子
    <br />
    <input type="submit" />
</form>
```

（3）复选框——checkbox

在网页上，当提供内容的选项可以是一个，也可以是多个时，可以使用复选框，复选框在页面中以一个方框来表示。语法如下：

```
<input type="checkbox" name="按钮名称" value="复选框的值" checked=
"checked"/>
```

type 取值为 checkbox 时，页面上的复选框控件中有一个框是默认选中状态。

示例代码如下：

```
<form>
    <input type="checkbox" name="vehicle" value="Bike" />别克
    <br />
    <input type="checkbox" name="vehicle" value="Ferrari" />法拉利
    <br />
    <input type="checkbox" name="vehicle" value="AUdi" />奥迪
    <br />
    <input type="submit" value="提交" />
</form>
```

（4）提交和重置按钮——submit 和 reset

单击提交按钮 submit 可以实现表单内容的提交，单击重置按钮 reset 可以清除表单的内容、恢复默认表单内容设定。语法如下：

```
<input type=" submit" name="按钮名称" value="按钮上的值" />
<input type="reset" name="按钮名称" value="按钮上的值" />
```

value 用于设置按钮上显示的文字。

示例代码如下：

```
<form>
    <input type="radio" name="red" value="apple" checked="checked" />苹果
```

```
<br />
<input type="radio" name=yellow" value="orange" />橘子
<br />
<input type="submit" value="提交" />
<input type="reset"value="重置" />
</form>
```

（5）普通按钮——button

普通按钮与提交、重置按钮的功能类似，但是需要配合脚本来进行表单处理。语法如下：

```
<input type="button" name="按钮名称"  value="按钮上的值" onclick="处理程序" />
```

同样 value 用于设置按钮上显示的文字，onclick 参数是设置当用鼠标单击按钮时所进行的处理。

示例代码如下：

```
<form name="btn" action="" method="post">
   <input type="button" name="close"  value="关闭当前窗口 "  onclick="window.
close()" />
   <input type="button" name="opennew" value="打开一个新窗口 "  onclick=
"window.open()" />
</form>
```

（6）隐藏域——hidden

表单中的隐藏域主要用来传递一些参数，而这些参数不显示在页面中，当用户提交表单时会将隐藏域的内容一起提交给处理程序。语法如下：

```
<input type=" hidden" name="隐藏域名称"  value="提交的值" />
```

示例代码如下：

```
<form>
   <input type="radio" name="red" value="apple" checked="checked" />苹果
   <br />
   <input type="radio" name=yellow" value="orange" />橘子
   <br />
<!--香蕉并不显示在页面上，在提交表单时其名称"banana"和取值"香蕉"会同时传递给处理程序-->
   <input type="hidden" name="banana" value="香蕉" />
   <input type="submit" value="提交" />
   <input type=" reset " value="重置" />
</form>
```

（7）文件域——file

表单中文件域在上传文件时常常用到，它用于查找硬盘中文件的路径，然后通过表单将选中的文件上传，file 控件常常在发送电子邮件、上传头像、传送文件时用到。语法如下：

```
<input type=" file" name="文件域的名称" />
```

示例代码如下：

```
<form>
    请上传你的相片：<input type="file" name="file" />
    <input type="submit" value="提交" />
</form>
```

2. 菜单列表类控件

菜单列表类控件主要用来选择给定答案中的一种，这类选择往往答案比较多，使用菜单列表类控件来设计比较节省页面空间，列表和菜单是使用<select>和<option>标签。其语法如下：

```
<select name="下拉菜单的名称">
  <option value="" selected=" selected">选项显示内容</option>
  <option value="选项值" >选项显示内容</option>
</ select >
```

<option> 元素定义待选择的选项。列表通常会把首个选项显示为被选选项。您能够通过添加 selected 属性来定义预定义选项。菜单列表类控件属性如表 3-2 所示。

表 3-2　菜单列表类控件属性

菜单列表控件属性	含　义
name	菜单和列表的名称
size	显示的选项数目
multiple	列表中的项目多选
value	选项值
selected	默认选项

示例代码如下：

```
<form >
  <select name="cars">
    <option value=" Bike "> 别克</option>
    <option value=" Ferrari ">法拉利</option>
    <option value="gallo">奔驰</option>
    <option value="audi">奥迪</option>
  </select>
  <br />
  <input type="submit" value="提交" />
</form>
```

3. 文本域标签

除了上面讲述的两大类控件外，还有一个特殊定义的文本标签，称为文本域，它可以添加多行文字，这类控件在留言本中最为常见。其语法如下：

```
<textarea name="文本域名称"  value="文本默认值" row="行数" cols="列数"/>
```

row 属性设置文本域的行数，cols 属性设置文本域列数。

示例代码如下：

```
<form >
  <textarea name="message" rows="10" cols="30" >
    The cat was playing in the garden.
    The cat was playing in the garden.
    The cat was playing in the garden.
  </textarea>
  <br />
  <input type="submit" />
</form>
```

任务总结

1. 掌握表单创建方法；
2. 掌握常用表单元素及其属性；
3. 掌握表单元素样式设计。

任务 3-4 企业网站主体右侧新闻栏和网站底部实现

任务目标

● 实现页面主体右侧新闻公告栏；

● 实现页面底部活动栏；

● 实现页面脚注。

模块知识点

● 掌握表格元素应用；

● 掌握表格元素样式设计。

明确任务

本任务主要是完成企业网站主体的右侧新闻栏、底部活动栏、网站脚注部分，最终完成效果如图 3-34 所示。

图 3-34　企业网右侧新闻栏及底部效果图

任务解析

根据 3-3 小节，主体部分划分为 left、right 左右两块，其中 right 右侧主要放置企业发布的按日期排列的新闻和公告内容，若后期关联数据库则这部分功能是需要从数据库中读取并保持实时更新。在网页中表格常常用来安排数据，从而呈现数据间的关系；或者在网页上组织图形和文本，也就是用于网页布局。因此主体右侧可以考虑用表格实现内容排列。

企业网站底部分成两部分，一部分是企业活动栏，一般用于放置企业相关活动的相片，若图片较多，今后可考虑 JavaScript 效果的图片轮转切换形式；另外一部分是脚注，放置企业的联系方式等相关信息，格式比较简单。

任务实现

下面开始构建右侧新闻栏和底部活动栏、网站脚注。在网页中新闻公告栏常常运用表格进行布局，在实现右侧内容中我们主要是在 right 块中嵌套表格<table>标签完成对新闻公告栏的布局。底部活动栏和网站分别用两个 div 完成设置。

1. 构建 HTML 结构

在网页设计中，表格是网页制作时最常使用的元素，table 的好处就是可以自由缩放，而且不容易乱套，合理运用表格布局网页元素可以使网页更加完美。下面我们来了解网页中常用的表格元素。

（1）表格的基本结构和定义，如图 3-35 所示。

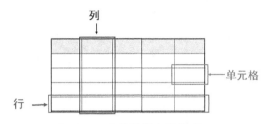

图 3-35　表格的基本结构图

- HTML 表格由 <table> 标签来定义，<table>表示开始，</table>表示结束；
- 特点：通常情况下，同行的高度一致、同列的宽度一致；
- 简单的 HTML 表格由 table 元素以及一个或多个 tr、th 或 td 元素组成；
- tr 元素定义表格行，th 元素定义表头，td 元素定义表格单元；
- 复杂的 HTML 表格包括 caption、thead、tfoot、tbody、col 以及 colgroup 元素；
- 单元格可以包含文本、图片、列表、段落、表单、水平线、表格等。

（2）表格标签及<table>基本属性，如表 3-3 和表 3-4 所示。

表 3-3　表格标签

表　格	描　述
table	定义表格
caption	定义表格标题
th	定义表格的表头
tr	定义表格的行
td	定义表格单元
thead	定义表格的页眉
tbody	定义表格的主体
tfoot	定义表格的页脚
col	定义用于表格列的属性
colgroup	定义表格列的组

表 3-4　<table>基本属性

属　性	值	描　述
border	pixels	规定表格边框的宽度
cellpadding	pixels 、%	规定单元边沿与其内容之间的空白
cellspacing	pixels 、%	规定单元格之间的空白
width	pixels 、%	规定表格的宽度

构建 HTML 结构的具体实现步骤如下。

STEP 1 构建右侧新闻 HTML 结构。打开编码模式，在编辑器中打开 index.html 布局页面，找到 div#right 块，在块中加入<table>标签。

STEP 2 构建底部活动栏 HTML 结构。在 div#main 块的后面添加 id 名为 activity 的 div 块，然后为 div#activity 块添加三个子块，设置 id="pic"，用于显示相同格式图片。最后在 div#activity 块前后添加一对空 div 块，设置 id="clear"，用于清除浮动。

STEP 3 构建脚注 HTML 结构。在活动栏后添加 id 名为 footer 的 div 块。

综上分析构建 HTML 代码如下：

```html
<!--                右侧新闻栏                        -->
<div id="right">
  <table cellpadding="0" cellspacing="0" id="table01" summary="公司大记事表，包括编号、类型和日期">
    <caption> 公司大记事 </caption>
    <thead>
    <tr>
      <th width="43" id="tablelist" >tablelist</th>
      <th width="97" id="type"  scope="col">类 型</th>
      <th width="487" id="title" scope="col">标 题</th>
      <th width="61" id="time" scope="col">日 期</th>
    </tr>
    </thead>
    <tbody>
    <tr>
      <td class="font01">1</td>
      <td>[新闻]</td>
      <td>在×××和×××的见证下，公司与法国电力集团...</td>
      <td class="font02">2016.02</td>
    </tr>
    <tr class="odd">
      <td class="font01">2</td>
      <td>[公告]</td>
      <td>抚州发电公司 1 号百万千瓦机组投产，公司结构调整取得积极进展，...</td>
      <td class="font02">2016.04</td>
    </tr>
    <tr>
      <td class="font01">3</td>
```

```
    <td>[新闻]</td>
    <td>集团公司深化改革取得积极进展</td>
    <td class="font02">2016.05</td>
</tr>
<tr class="odd">
    <td class="font01">4</td>
    <td>[新闻]</td>
    <td>来趣网络游戏小组正式成立，进军游戏产业</td>
    <td class="font02">2016.06</td>
</tr>
<tr>
    <td class="font01">5</td>
    <td>[活动]</td>
    <td>员工野外拓展训练活动</td>
    <td class="font02">2016.06</td>
</tr>
<tr class="odd">
    <td class="font01">6</td>
    <td>[公告]</td>
    <td>公司更改工作时间，广大员工相互传答</td>
    <td class="font02">2016.07</td>
</tr>
<tr>
    <td class="font01">7</td>
    <td>[公告]</td>
    <td>对优秀员工奖励的公告</td>
    <td class="font02">2016.07</td>
</tr>
<tr class="odd">
    <td class="font01">8</td>
    <td>[新闻]</td>
    <td>集团公司安全生产保持稳定，全面完成2014年度减排目标</td>
    <td class="font02">2016.08</td>
</tr>
<tr>
    <td class="font01">9</td>
    <td>[新闻]</td>
    <td>集团各部门、分公司领导进行座谈会，讨论新的一年公司的发展</td>
```

```
          <td class="font02">2016.08</td>
        </tr>
        <tr class="odd">
          <td class="font01">10</td>
          <td>[新闻]</td>
          <td>公司巡视整改有序有效，依法从严治企水平全面提升</td>
          <td class="font02">2016.09</td>
        </tr>
        <tr>
          <td class="font01">11</td>
          <td>[公告]</td>
          <td>对全体员工进行每年一次的体检的公告</td>
          <td class="font02">2016.10</td>
        </tr>
        <tr class="odd">
          <td class="font01">12</td>
          <td>[新闻]</td>
          <td>与大唐集团签订共建合资外包客户互动服务中心的合作备忘录</td>
          <td class="font02">2016.11</td>
        </tr>
      </tbody>
  </table>
</div>
  <div id="clear"></div>
  <!--                     底部活动栏                        -->
  <div id="activity">
   <p>企业活动</p>
   <div id="pic">
    <ul>
      <li><img src="images/p01.jpg" width="240" height="180" /></li>
      <li>企业活动 01</li>
    </ul>
   </div>
   <div id="pic">
    <ul>
      <li><img src="images/p03.jpg" width="240" height="180" /></li>
      <li>企业活动 02</li>
    </ul>
```

```
    </div>
    <div id="pic">
      <ul>
        <li><img src="images/p02.jpg" width="240" height="180" /></li>
        <li>企业活动 03</li>
      </ul>
    </div>
    </div>
<div id="clear"></div>
    <!--                脚注                    -->
<div id="footer">
        海南软件职业技术学院.软件工程系.开发工作室
</div>
```

2. 设置 CSS 样式

（1）对 right 块设置 CSS 样式。根据布局草图规划，分别设计 right 块宽度和高度，设置 float 属性值为 left，实现 left、right 左右并排，为 right 块添加白色背景颜色，调整其左内边距 40px，顶部外边距 20px。

```
#right {
    width: 730px;                    /*设置宽度*/
    height:376px;                    /*设置高度*/
    float: left;                     /*设置左对齐*/
    background-color: #FFFFFF;        /*设置背景颜色*/
    padding-left: 40px;              /*设置左内边距*/
    margin-top:20px;                 /*设置顶部外边距*/
}
```

（2）对 table 设置 CSS 样式。设置表格 #table01 样式，内外边距和边框为 0，宽度 690px，CSS 代码如下：

```
#table01 {
    margin: 0px;                     /*设置外边距为 0px */
    padding: 0px;                    /*设置内边距为 0px*/
    width: 690px;                    /*设置表格宽度*/
    border: 0px;                     /*设置边框为 0px*/
}
```

（3）对表格标题和标题行设置 CSS 样式。<caption>标签用于设置表格标题，< thead >标签用于设计表格页眉，即标题行。CSS 代码如下：

```
caption {
    line-height: 30px;               /*设置表格标题行高*/
    font-weight: bold;               /*设置表格标题字体样式*/
```

```
        color: #000;
        font-size:16px;
        font-family:"微软雅黑";
        text-align:left;                        /*设置表格标题左对齐*/
    }
    thead {
        font-family: "宋体";                     /*设置表格页眉字体样式*/
        font-size: 12px;
        line-height: 32px;
        font-weight: bold;
        color: #164185;
        height: 30px;                           /*设置表头高度*/
        background-image: url(../images/thead_bg.gif); /*设置表头背景图片*/
        background-repeat: repeat-x;
    }
```

（4）对单元格和页眉设计 CSS 样式。设置单元格 td 的高度为 25px，td 单元格内容向右移 10px，设置单元格左底部边框为虚线。表格页眉 tablelist、type、title、time 设置单元格文本内容左对齐，根据内容调整单元格的宽度 width，向右移动 10px，并设置单元格内文字颜色。CSS 代码如下：

```
    td {
        line-height: 25px;              /*设置单元格高度*/
        padding-left: 10px;             /*设置单元格左内边距10px*/
        border-bottom: 1px dashed #CCCCCC;/*设置单元格左底部边框样式*/
    }
    #tablelist {
        text-indent: -1000em;           /*设置文本向左缩进*/
        width: 40px;                    /*设置单元格宽度*/
    }
    #type {
        text-align: left;               /*设置文本左对齐*/
        width: 80px;                    /*设置单元格宽度*/
        padding-left: 10px;             /*单元格内容向右移10px*/
        color:#666;                     /*设置单元格文字颜色*/
    }
    #title {
        text-align: left;               /*设置文本左对齐*/
        width: 400px;                   /*设置单元格宽度*/
        padding-left: 10px;             /*单元格内容向右移10px*/
```

142

```
    color:#666;                  /*设置单元格文字颜色*/
}
#time {
    text-align: left;            /*设置文本左对齐*/
    padding-left: 10px;          /*单元格内容向右移 10px*/
    color:#666;                  /*设置单元格文字颜色*/
}
```

（5）对首尾两列字体和行背景色设置 CSS 样式。设置用".font01"样式加粗第一列字体，用".font02"样式加粗最后一列字体和设置列中表示日期的字体颜色，".odd"样式设置偶数行背景颜色为浅灰，"table tr:hover"样式为表格添加当鼠标经过时行背景色加深特效。CSS 代码如下：

```
.font01 {
    font-weight: bold;           /*设置第一列字体加粗*/
}
.font02 {
    font-weight: bold;           /*设置最后一列字体加粗*/
    color: #C0C0C0;              /*设置字体颜色*/
}
.odd {
    background-color: #F5F5F5;   /*设置偶数行背景颜色*/
}
table tr:hover {
    background-color: #e5e5e5;   /*鼠标经过时行背景色加深*/
}
```

（6）对 div#activity 块设置 CSS 样式。首先设置 div#activity 宽度和高度，其宽度和主体 main 块一致。设置 margin 属性值为 0 auto，使 div#activity 块在页面中居中。设置 div#activity 块前后的空标签 div#clear 的 clear 属性值为 both，用于清除前后浮动的 div 带来的可能引起的布局错位。CSS 代码如下：

```
#clear {
    clear:both;                  /*清除浮动*/
}
#activity{
    width: 1000px;               /*设置宽度为 1000px*/
    height:280px;                /*设置高度为 280px*/
    text-align: left;            /*设置文本左对齐*/
    margin: 0 auto;              /*设置块居中显示*/
}
```

（7）对 div#activity 块中段落和图片设置 CSS 样式。调整 #activity p 行高，设置段落中字体样式，为段落添加底部边框作为水平分隔线。而 #activity #pic 块中三张图片样式一致，为使图片并行排列，设置 float 取值为 left，并通过 margin 调整图片之间的距离。最后设置图片底部文字样式。CSS 代码如下：

```
#activity p{
    line-height:30px;              /*设置行高*/
    height:30px;                   /*设置段落高度*/
    font-family:"微软雅黑";         /*设置段落字体*/
    font-weight: bold;             /*设置段落字体加粗*/
    color: #000;                   /*设置段落字体颜色*/
    font-size:16px;                /*设置段落字体大小*/
    border-bottom:2px solid #CCC;  /*设置段落底部边框线*/
    margin-top:20px;               /*设置段落外边距*/
    }
#activity #pic {
    float:left;                    /*设置图片向左浮动*/
    margin:10px 0px 0px 70px;      /*设置图片外边距*/
    }
#activity #pic ul li {
    font-size:14px;                /*设置图片底部文字大小*/
    color: #666;                   /*设置图片底部文字颜色*/
    text-align:center;             /*设置图片底部文字居中*/
    padding-top:10px;              /*设置图片底部文字距离图片垂直距离*/
    }
}
```

（8）对 div#footer 块设置 CSS 样式。脚注部分比较简单，主要是设置 div#footer 块宽度和高度，并用 background-color:#E3E3E3 属性为其添加背景，设置脚注字体的样式。CSS 代码如下：

```
#footer {
    width: 1000px;                 /*设置宽度为1000px*/
    height:20px;                   /*设置高度为20px*/
    background-color:#E3E3E3;      /*设置背景颜色*/
    margin: 0 auto;                /*设置脚注居中显示*/
    line-height: 20px;             /*设置脚注行高*/
    color: #9D9F9C;                /*设置脚注文字颜色*/
    text-align: center;            /*设置文字居中对齐*/
    margin-top: 20px;              /*调整文字与顶部的间距*/
    padding:20px 0px 20px 0px;     /*调整文字与顶部、底部的间距*/
    }
```

（9）右侧新闻栏、底部活动栏、网站脚注实现效果如图 3-36 所示。

图 3-36　企业网站主体右侧新闻栏、底部活动栏及网站脚注效果图

✦ 支撑知识点

　　表格是 HTML 中的一项非常重要的功能，利用其多种属性能够设计出多样化的表格，所以表格是用于排列内容的最佳手段，大多数页面都是使用表格进行辅助排版。前面我们已经学习了表格的基本标签和用法，下面我们继续学习表格常用标签和属性。

1．< caption >标签定义和用法

● 　caption 元素定义表格标题。

● 　<caption>标签必须紧随<table>标签之后，只能对每个表格定义一个标题，标题居中于表格上方。

示例代码如下：

```
<table border="2">
<caption>我的标题</caption>
<tr>
  <td>100</td>
  <td>200</td>
</tr>
<tr>
  <td>400</td>
  <td>500</td>
</tr>
</table>
```

2．<tr>、<td>、<th>标签定义和用法

● 　<tr>和</tr>x 标签分别表示表格中一行的起始和结束，在表格中包含几组<tr>和

</tr>，就表示该表格为几行。

● <td>和</td>标签表示一个单元格的起始和结束，也可以说表示一行中包含了几列。

● <th>是一种特殊单元格，称为表头，表头一般位于表格第一行，用来表示该列的内容类别，用<th>和</th>标签来表示，与<td>标签的使用方法相同，但是<th>标记中的内容是加粗显示，自动居中。

示例代码如下：

```
<table width="377" height="132" border="1">
  <caption> 产品表 </caption>
  <tr>
    <th >商品名称</th>
    <th >商品价格</th>
    <th >商品产地</th>
  </tr>
  <tr>
    <td>格力空调</td>
    <td>3999.00</td>
    <td>广东佛山</td>
  </tr>
  <tr>
    <td>海尔空调</td>
    <td>3699.00</td>
    <td>山东青岛</td>
  </tr>
```

3. < thead >、<tbody>、<tfoot>标签用法和定义

● <thead> 标签定义表格的表头。用于组合 HTML 表格的表头内容。

● <tbody> 标签定义表格主体（正文）。该标签用于组合 HTML 表格的主体内容。

● <tfoot> 标签定义表格的页脚（脚注或表注）。该标签用于组合 HTML 表格中的表注内容。

● <thead> 标签应该与 tbody 和 tfoot 元素结合起来使用。出现次序是：thead、tfoot、tbody，必须在<table>标签内使用。

● <thead> 标签用于对 HTML 表格中的主体内容进行分组，而 tfoot 元素用于对 HTML 表格中的表注（页脚）内容进行分组。

示例代码如下：

```
<html>
<head>
<style type="text/css">
thead {color:green}
tbody {color:blue;height:50px}
```

```
tfoot {color:red}
</style>
</head>
<body>
<table border="1">
<!--标签定义表格的表头--!>
  <thead>
    <tr>
      <th>Month</th>
      <th>Savings</th>
    </tr>
  </thead>
<!--标签定义表格的页脚--!>
  <tfoot>
    <tr>
      <td>Sum</td>
      <td>$180</td>
    </tr>
  </tfoot>
<!--标签定义表格主体（正文）--!>
  <tbody>
    <tr>
      <td>January</td>
      <td>$100</td>
    </tr>
    <tr>
      <td>February</td>
      <td>$80</td>
    </tr>
  </tbody>
</table>
</body>
</html>
```

运行效果如图 3-37 所示。

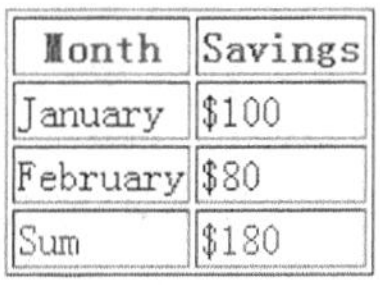

4. 单元格水平跨度——colspan

- 用于需要水平跨列合并的单元格。
- 需要指明所跨的列数。

这个标签的基本语法是：

```
<td colspan="跨的列数">
```

Month	Savings
January	$100
February	$80
Sum	$180

图 3-37　表格用法效果图

147

示例代码如下：

```
<table border="1">
<caption>横跨两列的单元格：</caption>
<tr>
  <th>姓名</th>
  <th colspan="2">电话</th>
</tr>
<tr>
  <td>Bill Gates</td>
  <td>555 77 854</td>
  <td>555 77 855</td>
</tr>
</table>
```

5. 单元格垂直跨度——rowspan

- 用于需要垂直跨列合并的单元格。
- 需要指明所跨的行数。

这个标签的基本语法是：

```
<td rowspan="跨的行数">
```

示例代码如下：

```
<table border="1">
<caption>横跨两行的单元格</caption>
<tr>
  <th>姓名</th>
  <td>Bill Gates</td>
</tr>
<tr>
  <th rowspan="2">电话</th>
  <td>555 77 854</td>
</tr>
<tr>
  <td>555 77 855</td>
</tr>
</table>
```

任务总结

1. 掌握表格创建方法；
2. 掌握常用表格元素及其属性；
3. 掌握表格元素样式设计。

任务 3-5　企业网站页面调整与测试

任务目标

- 整体页面调整；
- Web 标准测试；
- 代码优化；
- 浏览器兼容性测试。

模块知识点

- 掌握代码优化；
- 掌握 Web 标准测试；
- 掌握浏览器兼容性测试。

明确任务

本任务主要是完成整个企业网站页面的整体调整、代码优化、Web 标准测试以及浏览器兼容测试等，最终完成的效果如图 3-38 所示。

图 3-38　企业网效果图

任务解析

（1）完成任务 3-4 后，整个页面基本成形。在制作完成的最后，还需要对页面做一些细节上的调整，如比较颜色搭配、字体大小、字符间距、各块之间留白边距是否协调，以及代码的优化等。

（2）为了验证所完成的网站是否符合 W3C 标准，所写的 HTML 和 CSS 代码都要进行测试，对提出的错误和警告要整改。

（3）测试网站在各个浏览器中的兼容性。

任务实现

下面将对整个网站进行三个方面的调整和测试，分别为：页面调整和代码优化、Web 标准测试和浏览器兼容测试。

1. 页面调整和代码优化

（1）缩写 CSS 代码。善用 CSS 缩写可以减少页面存储空间，提高下载速度，同时使代码简洁可读，如在页面中设置脚注的文字与四周的元素之间的间距可以使用 padding 属性，未优化前 CSS 代码如下：

```
padding-top:20px;          /*顶部内边距*/
padding-right:0px;         /*右边内边距*/
padding-bottom:20px;       /*底部内边距*/
padding-left:0px;          /*左边内边距*/
```

简化后 CSS 代码如下：

```
padding:20px 0px 20px 0px;
```

在简写时需要注意上、右、下、左的书写顺序，数值与单位不能有空格，每个值之间用空格隔开。

（2）CSS 代码重用。把所有具备相同样式的选择器都改为用类选择器或者通过群组选择器来完成。群组选择器通过逗号隔开，例如在企业网站右侧新闻栏中，"#type，#title，#time"样式中文本的对齐方式、单元格间距、文字颜色都一样，只有宽度不同，那么我们可以选择群组选择器的表达方式，再把不一样的样式单独写出来，这样就会避免造成代码冗余。原有代码优化后如下：

```
#type, #title, #time {
    text-align: left;          /*设置文本左对齐*/
    padding-left: 10px;        /*单元格内容向左移10px*/
    color:#666;                /*设置单元格文字颜色*/
}
# type {    width: 80px;  }
#title {    width: 400px;  }
```

（3）背景图片的路径是相对于当前 CSS 页面的路径。例如，企业网站有如下目录结构：

```
--images
  --left_bg.gif
--mystyle
  --style.css
--index.html
```

其中 index.html 引用了 style.css 文件：<link rel="stylesheet" href="css/ style.css" />，style.css 文件要引用 left_bg.gif 图片，其写法为：background:url(../images/xxx.gif)。不要给背景图片路径加引号。

2. Web 标准测试

HTML 结构验证步骤如下：

STEP 1 利用火狐浏览器验证。在火狐浏览器中打开需要测试的企业网站，单击"工具"菜单，验证本地 HTML。

STEP 2 利用 W3C 提供的验证网站验证。打开 http://validator.w3.org，选择"Validate by File Upload"，选择要验证的企业网站主页，出现验证效果如图 3-39 所示。

图 3-39 不符合标准的 HTML 结构验证图

根据验证图可知有 8 处结构不符合标准，在验证页中往下滑动，给出了不符合结构的代码，部分错误如图 3-40 所示，大部分是由于 img 标签少了 alt 属性，ID 名重复所致。在定义标签属性 class 和 ID 时应注意，ID 名在页面中必须唯一，而 class 可以重复使用。本题的错误是定义 id="clear"和 id="pic"在页面中重复使用，应该修改为 class。

图 3-40 部分错误代码

按照要求改正代码后再进行测试，完全符合标准结构的验证页效果如图 3-41 所示。

图 3-41　符合标准的 HTML 结构验证图

CSS 样式验证（利用 W3C 提供的验证网站验证）步骤如下：

STEP 1　打开网站 http://jigsaw.w3.org/css-validator/，如图 3-42 所示。

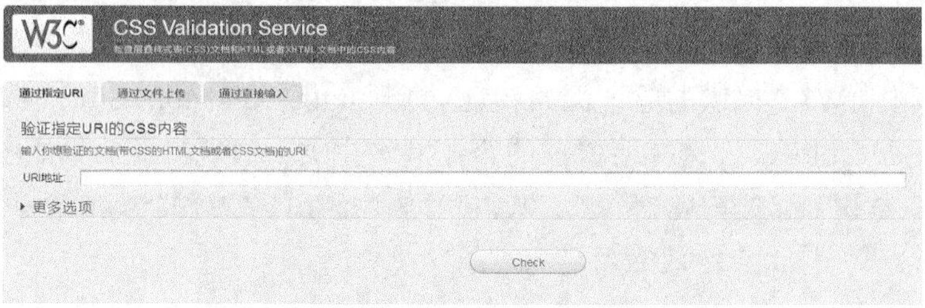

图 3-42　CSS 验证网站图

STEP 2　单击第二个选项卡"通过文件上传"，上传需要验证的 style.css 文件，单击 Check 按钮，通过测试的效果如图 3-43 所示。

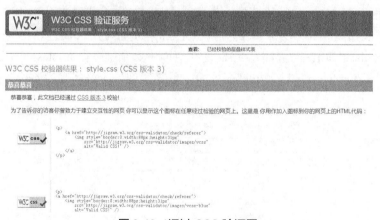

图 3-43　通过 CSS 验证图

3. 浏览器兼容测试

浏览器是 Web 系统中最核心的组成构件，来自不同厂家的浏览器对 JavaScript、ActiveX 或不同的 HTML 规格有不同的支持，即使是同一厂家的浏览器，也存在不同版本的问题。不同的浏览器对安全性和 Java 的设置也不一样。不同浏览器或同一浏览器的不同版本对 HTML 和 CSS 的支持与解析不同，导致同一网页在不同浏览器中的显示效果不同，出现如网页元素位置混乱错位、导航不能正常显示、内容显示不完整、视频不能正常播放等情况。

常见的浏览器兼容性问题主要有以下两种。

（1）页面显示

页面显示的美观性是 Web 应用程序中的重要需求，不同浏览器上呈现给用户的同一个 Web 页面可能显示的不一样。这些差异性主要表现在页面元素的位置、大小、外观上。如果在某款浏览器上显示不美观，就会成为一个问题，需要修改。

（2）功能问题

Web 软件中的功能性问题主要是不同浏览器对脚本的执行不一致，功能性问题极大地限制了用户对 Web 界面元素的使用。这类问题通常很难被发现，比如某个按钮可能显示正确但实际它是无法使用的，这个则需要用户真正地去使用它才能被发现。

在本章企业网站中，我们没有涉及脚本的使用，所以浏览器兼容性测试，主要是测试页面在当前的主流浏览器（包括 IE、Firefox、Chrome 等）下排版、布局的显示情况。

在 IE9、Firefox（51.0.1）、Chrome 等浏览器下，企业网站页面显示统一如图 3-44 所示。

图 3-44　在 3 种浏览器下网页显示效果图

⭐ 支撑知识点

1. 几种常见的前端浏览器兼容性问题和解决方案

（1）统一思想，遵循标准

"没有规矩，不成方圆"，要想制作好网页，首先优先遵循 W3C 推荐的标准。 Web 标准不是某一个标准，而是一系列标准的集合。网页主要由三部分组成：结构、表现和行为。对应的标准也分三方面：结构化标准语言主要包括 XHTML 和 XML，表现标准语言主要包括 CSS，行为标准主要包括对象模型（如 W3C DOM）、ECMAScript 等。这些标准大部分由 W3C 起草和发布，也有一些是其他标准组织制订的标准，比如 ECMA 的 ECMAScript 标准。

（2）文本垂直居中问题

在 CSS 中，垂直居中可以通过 vertical-align：middle 来设置，但在 IE 浏览器中达不到效果。因此，可以通过将行高 line-height 设置与它的包含框一样高，来解决该问题。经过测试，这种垂直居中方式既简单，又可以保持在不同浏览器下的兼容性。例如，在企业网站的活动栏中，设置了 line-height 和段落的高度一致来实现文字垂直方向居中。

```
#activity p{
    line-height:30px;          /*设置行高*/
    height:30px;               /*设置段落高度*/
        ……
}
```

（3）div 垂直于浏览器居中问题

这里我们使用百分比绝对定位与外边距为负值的方法，负值的大小为其自身宽度和高度的数值除以二。

```
div{
    position:absolute;
    top:50%;
    left:50%;
    width:200px;
    height:200px;
    margin:-100px 0 0 -100px;
    border:1px solid red;
}
```

（4）超链接 hover 样式不出现的问题

被单击访问过的超链接样式不具有 hover 和 active 属性。若.nav ul li a：hover 样式放在.nav ul li a：link 之前，鼠标经过样式则不起作用。这是因为在 CSS 规范中，超链接样式的排列顺序为 L＞V＞H＞A，即 a：hover 必须出现在 a：visited 之后，否则会被隐藏。

此外，若需要在鼠标经过时改变背景颜色，需设置 a：hover 样式的显示属性 display 为 block，并设置区域宽度和高度，否则将仅在文字下方出现背景颜色。

（5）图片默认有间距问题

几个<img>标签放在一起的时候，有些浏览器会有默认的间距，把 margin 和 padding 设置为 0 也无效果。因为<img>标签是行内属性标签，所以只要不超出容器宽度，<img>标签都会排在一行里，但是部分浏览器的<img>标签之间会有个间距。先把 margin 和 padding 设置为 0，再采用 float 来排列图片就会解决间距的问题。

154

2．JavaScript 基本语法

（1）HTML DOM（文档对象模型）

在 HTML 中，使用 JavaScript 的一个好处是脚本可以操控 Web 文档及其内容。脚本可以把一个新页面载入浏览器，操控浏览器窗口和文档、打开新窗口以及动态修改页面内容。

为了操控浏览器和文档，JavaScript 使用分层的父对象和子对象，这就称为 DOM。这些对象的组织类似一个树型结构，DOM 模型如图 3-45 所示。

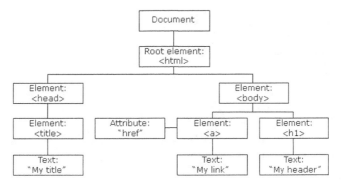

图 3-45　HTML DOM 树模型

通过可编程的对象模型，JavaScript 获得了足够的能力来创建动态的 HTML。

● 　JavaScript 能够改变页面中的所有 HTML 元素；

● 　JavaScript 能够改变页面中的所有 HTML 属性；

● 　JavaScript 能够改变页面中的所有 CSS 样式；

● 　JavaScript 能够对页面中的所有事件做出反应。

① 查找 HTML 元素。

JavaScript 不管是改变页面中的 HTML 元素的内容还是改变属性样式等，都必须先查找到该元素。JavaScript 通过下面三种方式查找页面元素。

● 　通过 id 找到 HTML 元素；

```
document.getElementById("info")
```

● 　通过标签名找到 HTML 元素；

```
getElementsByTagName("p")
```

● 　通过类名找到 HTML 元素。

```
getElementsByClassName("info")
```

② 改变 HTML 元素内容。

在 JavaScript 中可以通过 innerHTML 和 innerText 属性动态改变页面元素的内容。例如，若想改变页面中 id 为"info"的元素内容为"新信息"，代码如下：

```
<html>
<body>
 <p id="info">Hello World!</p>
 <script>
   document.getElementById("info").innerHTML="新信息";
```

```
    </script>
  </body>
</html>
```

innerHTML 和 innerText 属性的区别如下。

● innerHTML 可以解析 HTML 标签，如 "document.getElementById("info").inner HTML="<h1>新信息</h1>";" 代码得到的效果是文本 "新信息"，将以标题 1 的格式显示在页面中。

innerText 包含纯文本，如 "document.getElementById("info").innerText="<h1>新信息</h1>";" 代码得到的效果是 "<h1>新信息</h1>"，它把 "<h1></h1>" 当作文本而不是标签。

③ 改变 HTML 属性值。

要改变 HTML 的属性值，也是需要先通过前面三种方式找到 HTML 元素，再改变其属性。如我们若想改变某张图片的显示，其实就是改变<img>标签的 src 属性值即可，我们经常用这种方式来实现广告轮播图（也称广告幻灯片）。代码如下所示：

```
document.getElementById("image").src="lbanner1.jpg";
```

④ 改变 HTML 样式。

```
document.getElementById("link").style.color="blue";
document.getElementById("link").style.fontFamily="Arial";
```

⑤ 事件响应。

事件是指浏览器中发生的事，比如用户单击某个按钮，鼠标指针移动，或者是从服务器加载某个页面（或图像）等。JavaScript 程序不一定必须按照顺序来执行，它们可以检测事件并做出响应。事件是 JavaScript 提高网页文档交互性的主要方法。

我们可以在事件发生时执行 JavaScript，比如当用户在某个按钮元素上单击，则给该按钮添加 onclick 属性，代码如下：

```
<input type="button" value="提交" onclick="alert('请注意！') " />
```

onclick 属性值可以是 JavaScript 函数也可以是自定义函数。

JavaScript 中常用事件有：

● 单击：onclick；
● 加载：onload；
● 内容改变：onchange；
● 获得焦点：onfocus；
● 鼠标经过：onmouseover；
● 鼠标移开：onmouseout。

（2）DOM 应用示例

为了让大家更理解 DOM 对象改变页面内容、属性、样式以及对事件响应的方法，下面我们用 JavaScript 把企业网站中的 banner 图片改为轮播图，不间断地自行播放图片，当鼠标移动到相应的数字上时，停止图片轮播，移开则继续轮播，效果如图 3-46 所示。

在完成包含有脚本的页面时，要使结构、样式和脚本分开，先编写 HTML 结构，再设置 CSS 样式，最后再完成 JavaScript 脚本功能。

图 3-46　企业网站轮播图

① 构建 HTML 结构。

轮播图的功能其实就是间隔某个时间不断地改变图片的 src 属性值，让其显示不同的图片，因此我们先给该图片添加一个 id 为 "pic"，使得可以用 DOM 精确查找到该图片元素。

为显示轮播图的图片序号，需要添加无序列表组合标签。该组标签是放在 div#banner 盒子图片的下方，代码如下：

```html
<div id="banner">
    <img src="images/top.jpg" id="pic" />
    <ul id="pic_list">
      <li>
        <a id="num1" href="#" onmouseover="showImg(1)" onmouseout="showOut()">1</a>
        <a id="num2" href="#" onmouseover="showImg(2)" onmouseout="showOut()">2</a>
      </li>
    </ul>
</div>
```

在两个超链接标签中添加两个事件：鼠标经过 onmouseover 和鼠标移开 onmouseout，分别调用函数 showImg(id)和 showOut()。这两个函数在下面的 JavaScript 代码中给出详细讲解。

② 设置 CSS。

这里主要是设置无序列表组合标签的样式，代码如下：

```css
#banner{
    width: 1000px;
    height:300px;
    margin: 0 auto;
    position:relative;
}
#pic_list li{
    list-style:none;
    position:absolute;
    top:250px;
```

```
    left:500px;
}
#pic_list li a{
    display:block;
    height:20px;
    width:20px;
    text-decoration:none;
    color:#FFF;
    background-color:#CCC;
    line-height:20px;
    text-align:center;
    border:dotted 1px #FFFFFF;
    float:left;
}
#pic_list li a:hover{
    background-color:#F63;
}
#pic_list a#num1{
    background-color:#F63;
}
```

为使该标签的绝对定位不受其他标签样式的影响，我们把其父级标签添加一个相对定位，意思是无序列表的<ul>标签的绝对定位是相对于 div#banner 标签而定。

```
#banner {
    ……
    position:relative;
}
```

③ 编写 JavaScript 脚本。

脚本函数的功能是间隔某个时间段改变图片的 src 属性以改变图片的显示，当鼠标经过序号时，停止轮播，移开鼠标，恢复正常轮播。为了使得 JavaScript 脚本与结构分开，我们创建一个外部的脚本文件.js，并命名为 JavaScript.js，存储在 js 目录下。通过下面代码把 JavaScript.js 作用于 index.html 文件，以下代码写在标签<head></head>之间。

```
<script type="text/JavaScript" src="js/JavaScript.js"></script>
```

接着在 JavaScript.js 中完成功能模块代码，具体代码如下：

```
// JavaScript Document
var count=0;                      //定义计数器，图片显示的序号
var mytime;                       //时间变量


//根据参数 id 判断，是响应鼠标经过事件还是时间事件
function showImg(id){
```

```
    count++;
//如果 id 变量有值，响应鼠标经过事件，停止轮播(清除时间函数)，且使图片显示指定的 id
    if(id>0){
        clearInterval(mytime);        //清除时间函数
        count=id;                     //传递的计数器为指定的序号
        }
    if(count>2){   //这里只有两张图片，当序号为 2 时，重新设置计数器为 1 显示
        count=1;
        }
//动态改变 img 属性值，图片放置在 images 目录下，命名为 ad_1.jpg 和 ad_2.jpg
    document.getElementById("pic").src="images/ad_"+count+".jpg";
//动态改变序号的样式，显示那张图片，这相应的序号显示为#F63 色，不显示的图片序号显示为灰色
    for(var i=1;i<=2;i++){
        if(i==count){
            document.getElementById("num"+i).style.backgroundColor="#F63";
            }
        else{
            document.getElementById("num"+i).style.backgroundColor="#CCC";
            }
        }
}


//鼠标移开后调用该函数
//启动时间函数，每间隔 1000 毫秒，自动调用函数 showImg(0)
function showOut(){
    mytime=setInterval("showImg(0)",1000);
    }
//时间函数，每间隔 1000 毫秒，自动调用函数 showImg(0)
mytime=setInterval("showImg(0)",2000);
```

"mytime=setInterval("showImg(0)",2000);"代码为时间函数，当页面加载后，每间隔 2000 毫秒自动调用函数 showImg(0)。"clearInterval(mytime);"清除时间函数，清除后将不再自动调用函数，除非再一次启动。

实现广告轮播图除了可以使用 JavaScript 改变 img 元素的 src 属性的方法外，还可以使用 JavaScript 改变 img 的 display 样式来实现。display 为某个元素显示的方式，可以显示为块元素、行内元素或者是隐藏等。用这种方式实现轮播图的原理是：在页面结构 HTML 中把所有图片标签都写好，然后设置第一张图片显示，其他图片隐藏，再通过 JavaScript 代码实现每间隔某段时间让第 2 张图片显示，其他隐藏，以此类推。

```
document.getElementById('div'+i).style.display ='none';
document.getElementById('div'+i).style.display ='block';
```

以上代码为设置某个元素隐藏和显示。

大家可以用这种方法实现轮播图，具体 JavaScript 代码如下：

```javascript
// JavaScript Document
var NowFrame = 1;
var MaxFrame = 2;
function show(id){
    if(Number(id)){
        clearTimeout(theTimer);        //当触动按扭时，清除计时器
        NowFrame=id;                    //设当前显示图片
    }
    for(var i=1;i<(MaxFrame+1);i++){
        if(i==NowFrame)
            document.getElementById('ad_'+NowFrame).style.display ='';
        else
            document.getElementById('div'+i).style.display ='none';    //
隐藏其他图片层
    }
    if(NowFrame == MaxFrame){                        //设置下一个显示的图片
        NowFrame = 1;
    }
    else{
        NowFrame++;
    }
    theTimer=setTimeout('show()', 3000);    //设置定时器，显示下一张图片
}
```

利用该技术还可以实现页面中的树形菜单、tab 选项卡等功能。

🛢️ 任务总结

1. 掌握 CSS 的缩写和优化；
2. 掌握 HTML 和 CSS 代码的标准测试；
3. 掌握不同的浏览器兼容性测试；
4. 掌握几种常见的浏览器兼容性解决方案。

第 ④ 章 电子商务类网站

任务 4-1　网站整体布局分析设计

任务目标

- 画出页面布局图；
- div 划分布局模块；
- 实现页面布局图。

模块知识点

- 掌握网页模块拆分；
- 学会使用 div 标记；
- 掌握 CSS 基本语法。

明确任务

本章内容主要介绍如何具体实现一个电子商务网站——"男女装"，网站首页最终设计实现效果如图 4-1 所示。

图 4-1　最终设计实现效果图

图 4-1　最终设计实现效果图（续）

　　电商网站的设计是最复杂且交互性最强的，对于一个太了解的人来说将会是一个艰巨的任务。要设计好此类网站需要注意几点：第一是要面向合适的用户群，为用户提供良好的用户体验，使他们相信并且尊重你在这方便独到的眼光就显得尤为重要，在设计中将其突出放大；第二是遵守常规的导航元素，电商网站也是最需要讲求实际的网站之一，对于其他网站的设计（比如作品集和博客），一些规则可以被打破，但是对于电商网站，"形式遵循功能"的设计理念需要严格遵守，如此才能将用户的困惑和不满降低到最小；第三是产品介绍页面是用户的关注点，我们有很多的方法和元素可以使这些页面看起来更加赏心悦目，同时也能让用户得到需要的产品信息，所有信息中产品价格和用户评分应占重要地位。

　　本任务 4-1 主要是完成 "男女装"电子商务网站首页的基本布局，从绘制布局草图到构建 HTML 结构和设置 CSS 样式，最终完成基本布局示意图，如图 4-2 所示。

头部（Logo）
菜单
滚动广告栏
女装
男装
品牌
实体店
实体店推荐
页脚

图 4-2　基本布局示意图

任务解析

"男女装"电子商务网站主要以展示商品信息为主体，包含头部、菜单、滚动广告以及商品、实体店等展示部分，其中商品展示部分占据主要篇幅。

任务实现

1. 构建 HTML 结构

```html
<body>
    <!--top 头部 开始-->
    <div class="top">用户状态</div>
    <div class="top_box">网站 Logo、搜索</div>
    <!--top 头部 结束-->
    <!--导航 开始-->
    <div class="nav_menu">导航</div>
    <!--导航 结束-->
    <!--广告轮播 开始-->
    <div class="advertisement_box">广告栏</div>
    <!--广告轮播 结束-->
    <!--女装产品列表 开始-->
    <div class="title">女装</div>
    <div class="product_box">商品列表</div>
    <!--女装产品列表 结束-->
    <!--男装产品列表 开始-->
    <div class="title">男装</div>
    <div class="product_box">商品列表</div>
    <!--男装产品列表 结束-->
    <!--品牌列表 开始-->
    <div class="title">品牌</div>
    <div class="product_box">品牌列表</div>
    <!--品牌列表 结束-->
    <!--实体店列表  开始-->
    <div class="title">实体店</div>
    <div class="product_box">实体店列表</div>
    <!--实体店列表结束-->
    <!--实体店推荐列表  开始-->
    <div class="title">实体店推荐</div>
    <div class="product_box">实体店列表</div>
```

```
    <!--实体店推荐列表 结束-->
    <!--页脚  开始-->
    <div class="footer">页脚</div>
</body>
```

构建 HTML 结构的具体实现步骤如下：

STEP 1　规划站点结构。在某一盘符中新建一个文件夹作为站点文件夹，例如，在 D 盘中建立一个 root 文件夹作为站点文件夹，并在 root 中建立一个名为 Clothing 的文件夹，用于存储该网站的所有文件，接着在 Clothing 文件夹中再新建一个名为 images、css、js 文件夹分别用于存储网站的图片、样式表以及 JavaScript 脚本等。

STEP 2　创建本地站点。打开 Dreamweaver CS6，单击 "站点" 菜单，选择 "新建站点" 命令，打开 "设置站点对象" 对话框，输入站点名称为 site，本地站点文件夹为 D:\root\ ，按 "确定" 按钮完成站点的建立。

STEP 3　新建一个空白网页，保存到 D:\root\Clothing\文件夹中，并命名为 index.html。

STEP 4　打开编码模式，根据布局图以及所讲的知识可以得出用 div 划分布局模块的 HTML 结构。

STEP 5　根据网站的文件划分，将网站文件目录定义如图 4-3 所示。

其中 images 文件夹中设置图片素材存储文件夹如图 4-4 所示。

图 4-3　站点文件目录图　　　　　　图 4-4　images 文件目录内容图

advertisement_img 文件夹用于存储广告相关图片；
brand_img 文件夹用于存储品牌相关图片；
Ladies_img 文件夹用于存储女装相关图片；
Logo_img 文件夹用于存储 Logo 相关图片；
men_img 文件夹用于存储男装相关图片；
physicalstore_img 文件夹用于存储实体店相关图片。

2. 设置 CSS 样式

（1）创建 CSS 文件。新建一个 CSS 文件，保存到 D:\root\Clothing\文件夹中，并命名为 style.css，以下代码将在 style.css 文件里完成。

（2）根据 HTML 结构中的定义，基本样式定义如下：

```
/*标签清除 开始*/
*{
    margin:0;
```

```
    padding:0;
    }
/*标签清除 结束*/
/*头部 开始*/
.top{
    width:100%;
    height:42px;
    background:#F2F2F2;
    text-align:center;
    }
.box{
    width:1000px;
    height:100px;
    margin:0 auto;
    border:1px #CCCCCC solid;
    }
/*头部 结束*/
/*导航 开始*/
/* nav_menu */
.nav_menu{
    width:100%;
    height:42px;
    background:#93C;
    text-align:center;
    }
/*导航 结束*/
/*产品轮换 开始*/
.advertisement_box{
    width:1000px;
    height:200px;
    margin:5px auto;
    border:1px #CCCCCC solid;
    }
/*产品轮换 结束*/
/*标题 开始*/
.title{
    margin:5px auto;
    width:990px;
    padding:5px;
    border:1px #CCCCCC solid;
```

```
        }
/*标题 结束*/
/*产品列表 开始*/
.product_box{
    width:990px;
    height:120px;
    padding:5px;
    margin:0 auto;
    border:1px #CCCCCC solid;
    }
/*页脚 开始*/
.footer{
    width:100%;
    height:50px;
    background:#F2F2F2;
    text-align:center;
    }
/*页脚 结束*/
```

（3）链接 CSS 文件。设置 CSS 样式完成后，保存，在 HTML 结构中链接 CSS 文件，在<head></head>标签中添加以下<link>标签语句，具体代码如下：

```
<head>
<link rel="stylesheet" href="style.css" type="text/css" />
</head>}
```

（4）测试预览效果，按"F12"快捷键，效果如图 4-5 所示。

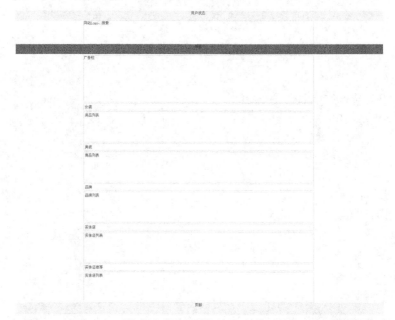

图 4-5 添加 CSS 样式后"男女装"电子商务网站布局测试预览图

任务总结

1. 掌握整个页面布局框架的设计与实现；
2. 根据框架给出 DIV 结构代码；
3. 掌握 CSS 基本语法。

任务 4-2　页面头部具体实现

任务目标

- 展示用户注册、登录状态等信息；
- 展示网站 Logo；
- 实现网站商品搜索。

模块知识点

- 熟练操作图片、超链接、列表标记；
- 掌握 select、input 等表单元素的应用；
- 掌握 CSS 控制背景、超链接、列表样式等语法。

明确任务

本任务主要是完成"男女装"电子商务网站首页的头部部分，头部包括 top 块和 top_box 块。从构建 HTML 结构到设置 CSS 样式，最终完成的效果如图 4-6 所示。

图 4-6　"男女装"电子商务网站首页头部

任务解析

根据效果图可以看出，页面头部可划分为 top 块和 top_box 块。top 中主要实现用户交互的入口，即注册、登录以及用户状态的显示；top_box 中左边展示网站的 Logo，右边实现商品搜索及相关热门商品信息显示，可在里面包含 top_box_left 和 top_box_right。在 top_box_left 里主要有 Logo 图片，top_box_right 中包含一个 form，form 中应包含一个 select、input 输入框以及一个 button。

⏱ 任务实现

1. 构建 HTML 结构

（1）在完成任务 4-1 的基础上，现将明确任务中的相应 HTML 元素加入 top 块和 top_box 块，如下所示：

```html
<!--top 头部 开始-->
    <div class="top">
        <div class="top_box_shang">
            <a href="#">免费注册</a>
            <a href="#">登录</a>
            <a href="#">欢迎您：某某用户</a>
        </div>
    </div>
    <div class="top_box">
    <div class="top_box_left">
        <img src="images/WebsiteLogo.png" width="120" height="50" alt="
Website Logo" />
        </div>
        <div class="top_box_right">
            <form action="">
                <select name="">
                    <option>男装</option>
                    <option>女装</option>
                </select>
                <input id="btn_text" name="" type="text" />
                <input class="btn" name="" type="button" value="搜索" />
            </form>
            <span class="font-style">
                <a href="#">羊绒大衣</a>
                <a href="#">绒衫</a>
                <a href="#">外套</a>
                <a href="#">连衣裙</a>
                <a href="#">打底裙</a>
            </span>
        </div>
        <div class="clear"></div>
    </div>
    <!--top 头部 结束-->
```

（2）测试预览效果，按"F12"快捷键，效果如图 4-7 所示。

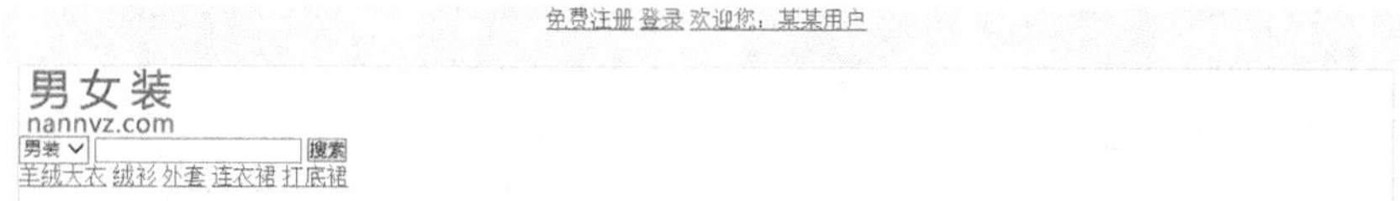

免费注册 登录 欢迎你，某某用户

男女装
nannvz.com
男装∨ 搜索
羊绒大衣 绒衫 外套 连衣裙 打底裙

图 4-7 未添加 CSS 样式时页面头部测试预览图

2. 设置 CSS 样式

（1）在 style.css 中定义 top、top_box 相关元素样式代码，在任务 4-1 定义 top、top_box 的代码基础上有修改（如边框显示、颜色等），本任务完整定义代码如下：

```
/*标签清除 开始*/
......
a,input,img{/*清除 a,input 以及<img>标签元素的边框，并去掉<a>标签下划线*/
    border:0;
    text-decoration:none;
    }
fieldset,button,input,select,option{/*定义表单元素垂直居中*/
    vertical-align: middle;
    }
.clear{ /*清除浮动*/
    clear: both;
    }
/*标签清除 结束*/
/*头部 开始*/
.top{
    width:100%;
    height:42px;
    background:#F2F2F2;
    }
.top_box_shang{
    width:980px;
    margin:auto;
    padding:10px;
    color:#F00;
    font-size:12px;
    }
.top_box{
    width:1000px;
    margin:0 auto;
    }
```

```css
.top_box_shang a{
   color:#F00;
   font-size:12px;
   margin-left:10px;
   }
.top_box_left{ /*设置左浮动*/
   width:400px;
   float:left;
   margin-top:10px;
   }
.top_box_right{ /*设置右浮动*/
   width:580px;
   float:right;
   margin-top:10px;
   }
.top_box_right form{ /*设置 form 边框、浮动方式以及宽度*/
   border:1px #93C solid;
   width:550px;
   }
#btn_text{
   line-height:35px;
   height:35px;
   width:420px;
   }
.top_box_right select{
   line-height:33px;
   height:33px;
   background:#F2F2F2;
   border:0;
   color:#666;
   }
.btn{
   background:#93C;
   font-size:14px;
   font-weight:bold;
   color:#FFF;
   line-height:35px;
   float:right;
   height:35px;
```

```
    width:70px;
    *float:none;
    *width:68px;
    _width:66px;
    }
.font-style{
    color:#666;
    font-size:12px;
    line-height:30px;
    height:30px;
    }
.font-style a{
    color:#666;
    font-size:12px;
    margin-left:10px;
    }
/*头部 结束*/
```

（2）测试预览效果，按“F12”快捷键，效果如图 4-8 所示。

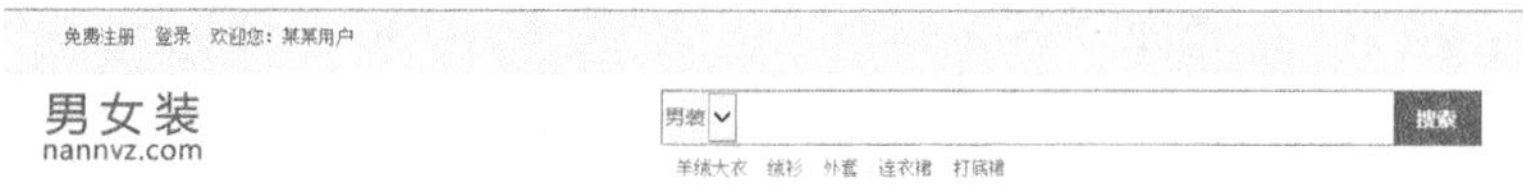

图 4-8　添加 CSS 样式后页面头部测试预览图

支撑知识点

在本任务中，对于.btn 类的定义中相关属性用到"*"、"_"等符号，主要作用是便于不同的浏览器识别并应用相关属性设置，使得页面显示基本一致。IE6 能识别下划线"_"和星号" * "，IE7 能识别星号" * "，但不能识别下划线"_"，而 firefox 则均不能识别。

任务总结

1. 根据框架给出页面头部的 div 结构代码；
2. 根据效果图定义 CSS，并对浏览器兼容性优化代码。

任务 4-3　导航实现

任务目标

- 展示导航信息；

● 实现菜单动画弹出。

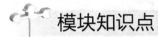 模块知识点

● 熟练应用列表标记；
● 掌握应用脚本实现菜单动画弹出效果；
● 掌握 CSS 控制背景、超链接、列表样式等语法。

明确任务

本任务主要是完成"男女装"电子商务网站首页的导航部分。从构建 HTML 结构到设置 CSS 样式，最终完成的效果如图 4-9、图 4-10 所示。

首页	品牌	实体店	最新上市	热卖	特价

图 4-9 "男女装"电子商务网站导航图

首页	品牌	实体店	最新上市	热卖	特价

服饰内衣
女装 男装 内衣 家居服
配件 羽绒 呢大衣 毛衣

鞋 箱包
女鞋 男鞋 精包 女包 男包
旅行箱 钱包

珠宝、手表
饰品 项链 珠宝 钻石 手表

化妆品
护肤 彩妆 香水 男士 精油
假发 美体 试用服务

运动 户外
运动鞋 运动服 运动用品
户外

手机 数码
手机 笔记本 相机 平板电脑
配件 电脑硬件

家用电器
大家电 影音电器 生活电器
厨房电器 健康护理 剃须刀

家具 建材
家具 卫浴 地板 灯具 五金
开关 装修设计

家纺 居家
家纺 磨毛套件 羽绒被 枕头
软饰 居家 厨房

食品
零食 进口 茶叶 冲饮 酒水
粮油 干货 生鲜

医药保健
保健 滋补 蛋白粉 阿胶
药品 血压仪 计生 体检

母婴用品
玩具 宝宝食品 用品 童装
孕装

汽车 配件
新车 座垫 脚垫 GPS 车衣
洗车机 水枪

文化 玩乐
电子凭证 图书 乐器 旅游
鲜花

图 4-10 鼠标悬停菜单"首页"时展开子菜单图

任务解析

根据效果图可以看出，导航部分主要由两部分构成，第一部分是主菜单项，包括"首页"、"品牌"、"实体店"等，第二部分是下方的子菜单项，子菜单项包含各种分类，内容较多。实现整个导航难度主要在于导航样式的控制、子菜单项显示与隐藏，其中还应用到了脚本实现动画效果。

任务实现

1. 构建 HTML 结构

（1）在完成任务 4-2 的基础上，将主菜单项、子菜单块加入 nav_menu 块中，主要结构

如下所示：

```
<!-导航 开始-->
    <div class="nav_menu">
        <div class="nav">
            <div class="list" id="navlist">…… </div> <!--主菜单项-->
            <div class="box" id="navbox">……</div> <!--子菜单块-->
        </div>
    </div>
<!--导航结束-->
```

（2）主菜单具体实现。

```
<div class="list" id="navlist"> <!--主菜单项-->
    <ul id="navfouce">
            <li><a href="#">首页</a></li>
            <li><a href="#">品牌</a></li>
            <li><a href="#">实体店</a></li>
            <li><a href="#">最新上市</a></li>
            <li><a href="#">热卖</a></li>
            <li><a href="#">特价</a></li>
    </ul>
</div>
```

（3）弹出子菜单结构分析。需实现的悬停"首页"弹出子菜单预览如图 4-11 所示（注意：此处展示的是添加 CSS 效果后的效果图）。

图 4-11　悬停"首页"子菜单预览图

每一个主菜单选项对应到一个子菜单块，如图 4-11，因此在子菜单容器 navbox 中需包含多个子菜单块，基本结构如下：

```
<div class="box" id="navbox"><!--子菜单容器-->
    <div class="cont" style="display:none;"></div> <!-- "首页"弹出的子菜
单项-->
    <div class="cont" style="display:none;"></div> <!-- "品牌"弹出的子菜
单项-->
    <div class="cont" style="display:none;"></div> <!-- "实体店"弹出的子
菜单项-->
```

```
          <div class="cont" style="display:none;"></div> <!-- "最新上市" 弹出的
子菜单项-->
          <div class="cont" style="display:none;"></div> <!-- "热卖" 弹出的子菜
单项-->
          <div class="cont" style="display:none;"></div> <!-- "特价" 弹出的子菜
单项-->
     </div>
```

每个子菜单块内部结构如下（同样以"首页"弹出的子菜单块为例）：

```
<div class="cont" style="display:none;"> <!-- "首页" 弹出的子菜单块-->
     <ul class="sublist clearfix">
       <li>
          <h3 class="mcate-item-hd"><span>服饰内衣</span></h3>   <!--选择类
别-->
          <p class="mcate-item-bd">
          <a href="#">女装</a>
          <a href="#">男装</a>
          <a href="#">内衣</a>
          <a href="#">家居服</a>
          <a href="#">配件</a>
          <a href="#">羽绒</a>
          </p>
       </li>
       <li> ············ </li><!--其他类别（略）-->
       <li> ············ </li><!--其他类别（略）-->
       <li> ············ </li><!--其他类别（略）-->
       <li> ············ </li><!--其他类别（略）-->
     </ul>
</div>
```

最终需显示的内容如图 4-12 所示（注意：此处展示的是添加 CSS 效果后的效果图），"首页"弹出的子菜单块中其他类别此处省略。

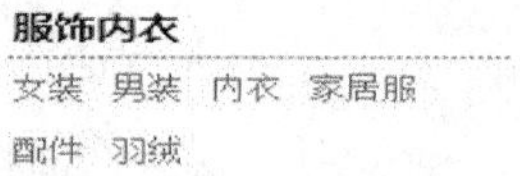

服饰内衣
女装 男装 内衣 家居服
配件 羽绒

图 4-12 "首页"子菜单块中类别预览图

（4）具体实现代码如下（因代码较多，这里仅列出部分）。

```
<!-导航 开始-->
     <div class="nav_menu">
        <div class="nav">
           <div class="list" id="navlist"> <!--主菜单项-->
              <ul id="navfouce">
                 <li><a href="#">首页</a></li>
```

```html
            <li><a href="#">品牌</a></li>
            <li><a href="#">实体店</a></li>
            <li><a href="#">最新上市</a></li>
            <li><a href="#">热卖</a></li>
            <li><a href="#">特价</a></li>
        </ul>
    </div>
    <div class="box" id="navbox"><!--子菜单项-->
    <div class="cont" style="display:none;"> <!-- "首页"弹出的子菜
单项-->
            <ul class="sublist clearfix">
                <li>
                <h3 class="mcate-item-hd"><span>服饰内衣</span></h3>
                <p class="mcate-item-bd">
                <a href="#">女装</a>
                <a href="#">男装</a>
                <a href="#">内衣</a>
                <a href="#">家居服</a>
                <a href="#">配件</a>
                <a href="#">羽绒</a>
                <a href="#">呢大衣</a>
                <a href="#">毛衣</a>
                </p>
                </li>
                <li>
                <h3 class="mcate-item-hd"><span>鞋 箱包</span></h3>
                <p class="mcate-item-bd">
                <a href="#">女鞋</a>
                <a href="#">男鞋</a>
                <a href="#">箱包</a>
                <a href="#">女包</a>
                <a href="#">男包</a>
                <a href="#">旅行箱</a>
                <a href="#">钱包 </a>
                </p>
                </li>
                <li>
                <h3 class="mcate-item-hd"><span>珠宝、手表</span></h3>
                <p class="mcate-item-bd">
```

```
         <a href="#">饰品</a>
         <a href="#">项链</a>
         <a href="#">珠宝</a>
         <a href="#">钻石</a>
         <a href="#">手表</a>
        </p>
      </li>
      <li>
        <h3 class="mcate-item-hd"><span>化妆品</span></h3>
        <p class="mcate-item-bd">
         <a href="#">护肤</a>
         <a href="#">彩妆</a>
         <a href="#">香水</a>
         <a href="#">男士</a>
         <a href="#">精油</a>
         <a href="#">假发</a>
         <a href="#">美体</a>
         <a href="#">试用服务</a>
        </p>
      </li>
      <li>
        <h3 class="mcate-item-hd"><span>运动 户外</span></h3>
        <p class="mcate-item-bd">
         <a href="#">运动鞋</a>
         <a href="#">运动服</a>
         <a href="#">运动用品</a>
         <a href="#">户外</a>
        </p>
      </li>
      <li>
        <h3 class="mcate-item-hd"><span>家纺 居家</span></h3>
        <p class="mcate-item-bd">
         <a href="#">家纺</a>
         <a href="#">磨毛套件</a>
         <a href="#">羽绒被</a>
         <a href="#">枕头</a>
         <a href="#">软饰</a>
        </p>
      </li>
```

```
                    <li>
                    <h3 class="mcate-item-hd"><span>食品</span></h3>
                    <p class="mcate-item-bd">
                    <a href="#">零食</a>
                    <a href="#">进口</a>
                    <a href="#">茶叶</a>
                    <a href="#">冲饮</a>
                    <a href="#">酒水</a>
                    <a href="#">粮油</a>
                    <a href="#">干货</a>
                    <a href="#">生鲜</a>
                    </p>
                    </li>
                    <li>
                    <h3 class="mcate-item-hd"><span>母婴用品</span></h3>
                    <p class="mcate-item-bd">
                    <a href="#">玩具</a>
                    <a href="#">宝宝食品</a>
                    <a href="#">用品</a>
                    <a href="#">童装</a>
                    <a href="#">孕装</a>
                    </p>
                    </li>
                    </ul>
                </div>
                <div class="cont" style="display:none;"></div><!-- "品牌" 子
菜单(略)-->
                <div class="cont" style="display:none;"></div><!-- "实体店"
子菜单(略)-->
                <div class="cont" style="display:none;"></div><!-- "最新上市"
子菜单(略)-->
                <div class="cont" style="display:none;"></div><!-- "热卖" 子
菜单(略)-->
                <div class="cont" style="display:none;"></div><!-- "特价" 子
菜单(略)-->
            </div>
        </div>
    </div>
    <!--导航结束-->
```

（5）测试预览效果，按"F12"快捷键，效果如图 4-13 所示。

图 4-13　未添加 CSS 样式时导航测试预览图

2. 设置 CSS 样式

（1）在 style.css 中定义主菜单、子菜单等相关元素样式代码，本任务完整定义代码如下：

```
/*标签清除 开始*/
......
ul,li,dl,ol{/*添加任务 4-3 所需 CSS 代码*/
    list-style:none;
    }
h1,h2,h3,h4,h5,h6{
    font-size:100%;
    }
.clearfix:after{
    visibility:hidden;
    display:block;
    font-size:0;
    content:" ";
    clear:both;
    height:0;}
.clearfix{
    display: inline-block;
    }
    /* Hides from IE-mac */
*html .clearfix{
    height:1%;
    }
.clearfix{
    display:block;
    }
    /* End hide from IE-mac */
/*标签清除 结束*/
/*导航 开始*/
.nav_menu{
    width:100%;
    height:42px;
```

```
        background:#93C;
        text-align:center;
        }
.nav{
        width:1000px;
        height:40px;
        position:relative;
        margin:0 auto;
        z-index:999;
        }
.nav .list li{
        float:left;
        }
.nav .list a{
        float:left;
        display:block;
        width:125px;
        height:42px;
        text-align:center;
        font:bold 16px/36px "微软雅黑";
        color:#fff;
        }
.nav .list a:hover,.nav .list .now{
        color:#F00;
        background:#fff;
        }
.nav .box{
        position:absolute;
        top:42px;
        left:0px;
        width:1000px;
        background:#FFF;
        overflow:hidden;
        height:0;
        filter:alpha(opacity=0);opacity:0;
        border-left:1px solid #F0F;
        border-right:1px solid #F0F;
        border-bottom:1px solid #F0F;
        }
```

```css
.nav .cont{
    position:relative;
    padding:25px 0px 0px 24px;
    }
/* sublist */
.sublist li{
    float:left;
    width:168px;
    padding-right:24px;
    padding-bottom:24px;
    height:100px;
    }
.sublist li h3.mcate-item-hd{
    font-family:'微软雅黑';
    padding-left:2px;
    font-size:14px;
    height:26px;
    line-height:26px;
    border-bottom:1px dashed #666666;
    }
.sublist li p.mcate-item-bd{
    padding-left:2px;
    }
.sublist li p.mcate-item-bd a{
    height:26px;
    line-height:26px;
    margin-right:5px;
    font-size:12px;
    color:#666666;
    text-decoration:none;
    display:inline-block;
    }
.sublist li p.mcate-item-bd a:hover{
    color:#6c5143;
    text-decoration:underline;
    }
/*导航 结束*/
```

提示 　　在以上代码中，.sublist li 的高度设置为 height:100px；如不设置，则会出现 li 块不能对齐的情况，也有其他的解决办法，如在需换行的 li 中清除浮动等。

（2）测试预览效果，按"F12"快捷键，效果如图 4-14 所示。

图 4-14　添加 CSS 样式后导航测试预览图

此时虽然按设计样式显示，但当鼠标移动到主菜单选项时，子菜单部分没有动画弹出。

 提示 　　样式定义中部分 CSS 使用了 after 伪对象，在本任务中主要用于清除浮动；部分 CSS 应用 CSS hack 方式编写代码，目的就是编写的 CSS 代码兼容不同的浏览器，在支撑知识点中再详细阐述。

3．编写 JavaScript 脚本实现子菜单动画弹出

我们要实现鼠标悬停某一个主菜单时动画显示子菜单块的效果，在这里应用 jQuery 来进行脚本编写，以下是实现动画显示子菜单块的代码放置位置：

```
……
<div class="nav_menu">
　……
</div>
<script type="text/JavaScript">
　……
</script>
　……
```

菜单整体框架示意图如图 4-15 所示。

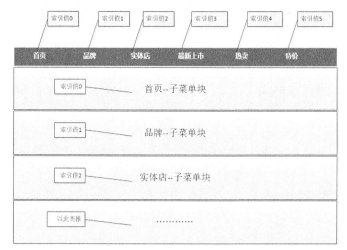

图 4-15　菜单整体框架示意图

主要实现步骤：

STEP 1 获取主菜单（#navlist）和子菜单块容器（#navbox），初始隐藏所有子菜单块；

STEP 2 鼠标经过主菜单选项时获取当前索引值 index，设置主菜单项样式，隐藏其他子菜单块，查找索引值相同的子菜单块并显示；

STEP 3 鼠标离开主菜单选项时有两种情况：第一，鼠标移动到子菜单块，此时需要持续显示子菜单块；第二，鼠标移动到其他区域，此时需隐藏所有子菜单块。

完整实现代码如下：

```JavaScript
<script type="text/JavaScript">
(function(){
    var time = null;
    var list = $("#navlist");          /*获取 id 为 navlist 的元素*/
    var box = $("#navbox");            /*获取 id 为 navbox 的元素*/
    var lista = list.find("a");        /*获取 navlist 中所有的<a>标签*/
    var box_show = function(hei){      /*显示子菜单块*/
        box.stop().animate({           /*设置显示子菜单块的高度、透明度以及动画时间*/
            height:hei,
            opacity:1
        },400);
    }
    var box_hide = function(){         /*隐藏子菜单块*/
        box.stop().animate({           /*设置隐藏子菜单块的高度、透明度以及动画时间*/
            height:0,
            opacity:0
        },400);
    }
    lista.hover(function(){            /*鼠标悬停某一主菜单项时，显示该菜单项的子菜单块*/
        lista.removeClass("now");/*清除所有主菜单的样式"now" */
        $(this).addClass("now");    /*将当前选定主菜单的样式设置为"now" */
        clearTimeout(time); /*取消由 setTimeout()方法设置的 timeout*/
        var index = list.find("a").index($(this)); /*获取当前选定主菜单的索引值*/
        box.find(".cont").hide().eq(index).show();/*将与主菜单索引值对应的子
菜单块显示*/
        var _height = box.find(".cont").eq(index).height()+54; /*设置子菜单
块显示高度*/
        box_show(_height)  /*动画显示子菜单块*/
    },function(){            /*鼠标移动到主菜单之外时隐藏子菜单块*/
        time = setTimeout(function(){
            box.find(".cont").hide();
```

```
            box_hide();
        },50);
        lista.removeClass("now");
    });
    box.find(".cont").hover(function(){/*鼠标移动到某一子菜单块时持续显示该子
菜单块, 如不添加则在鼠标离开主菜单时, 子菜单块会隐藏, 无法进行选择*/
        var _index = box.find(".cont").index($(this));
        lista.removeClass("now");
        lista.eq(_index).addClass("now");
        clearTimeout(time);
        $(this).show();
        var _height = $(this).height()+54;
        box_show(_height);
    },function(){
        time = setTimeout(function(){
            $(this).hide();
            box_hide();
        },50);
        lista.removeClass("now");
    });
})();
</script>
```

编写完脚本后, 需要在 HTML 代码的<head>标签内加上如下代码:

```
<head>
……
<script type="text/JavaScript" src="js/jquery-1.7.2.min.js"></script>
<script type="text/JavaScript" src="js/jquery.min.js"></script>
……
</head>
```

预览效果如图 4-16 所示。

图 4-16　添加脚本后导航鼠标悬停"首页"菜单项时预览图

提示　　脚本是应用 jQuery 框架来编写的。jQuery 是一个快速、简洁的 JavaScript 框架，在后面的支撑知识点中再详细描述。

★ 支撑知识点

1．CSS Hack

不同厂商的浏览器，如 Internet Explorer、Safari、Mozilla Firefox、Chrome 等，或者是同一厂商的浏览器的不同版本，如 IE6 和 IE7，对 CSS 的解析认识不完全一样，因此会导致生成的页面效果不一样。这时我们就需要针对不同的浏览器写不同的 CSS，让它能够同时兼容不同的浏览器，并能得到我们想要的页面效果。

CSS Hack 大致有三种表现形式，CSS 类内部 Hack、选择器 Hack 以及 HTML 头部引用(if IE)Hack。CSS Hack 主要针对类内部 Hack：比如 IE6 能识别下划线"_"和星号" * "，IE7 能识别星号" * "，但不能识别下划线"_"，而 firefox 两个都不能认识。选择器 Hack：比如 IE6 能识别*html .class{}，IE7 能识别*+html .class{}或者*:first-child+html .class{}。HTML 头部引用(if IE)Hack：针对所有 IE：<!--[if IE]><!--您的代码--><![endif]-->，针对 IE6 及以下版本：<!--[if lt IE 7]><!--您的代码--><![endif]-->，这类 Hack 不仅对 CSS 生效，对写在判断语句里面的所有代码都会生效。

2．jQuery

jQuery 是一个快速、简洁的 JavaScript 框架，它封装 JavaScript 常用的功能代码，提供一种简便的 JavaScript 设计模式，优化 HTML 文档操作、事件处理、动画设计和 Ajax 交互；具有独特的链式语法和短小清晰的多功能接口，具有高效灵活的 CSS 选择器，并且可对 CSS 选择器进行扩展，拥有便捷的插件扩展机制和丰富的插件。jQuery 兼容各种主流浏览器，如 IE 6.0+、FF 1.5+、Safari 2.0+、Opera 9.0+等。

（1）jQuery 的特点

● 代码精致小巧。jQuery 是一个轻量级的脚本库，其代码非常小巧，最新本版的 jQuery 库文件压缩之后只有 20k 左右，这对提高网站用户的体验性显得特别重要。

● 强大的功能函数。过去在写 JavaScript 代码时，如果没有良好的基础，很难写出复杂的 JavaScript 代码，而且 JavaScript 是不可编译的语言，开发效率较低，使用 jQuery 的功能函数，能够快速地实现各种功能，而且会让代码好看简洁，结构清晰。

● 跨浏览器。关于 JavaScript 代码的浏览器兼容问题一直是 WEB 开发人员的噩梦，经常是一个页面在不同的浏览器下表现各不相同，开发人员往往要在一个功能上针对不同的浏览器编写不同的脚本代码，jQuery 具有良好的兼容性，它兼容各大主流浏览器。

● 链式的语法风格。jQuery 可以对元素的一组操作进行统一的处理，不需要重新获取对象，也就是说可以基于一个对象进行一组操作，这种方式减少了代码量，减小了页面体积，有助于浏览器快速加载页面，提高用户的体验性。

● 插件丰富。jQuery 还可以通过插件实现更多的功能，如表单验证、播放效果、Tab 导航条、表格排序、树型菜单及图像特效等，而且插件将 JS 代码和 HTML 代码完全分开，便于维护。

（2）jQuery 语法

jQuery 语法是为 HTML 元素的选取编制的，可以对元素执行某些操作。基础语法是：$(selector).action()

● 美元符号定义 jQuery；

● 选择符（*selector*）"查询"和"查找" HTML 元素；

● jQuery 的 action() 执行对元素的操作。

本任务中部分函数释义：

● stop() 方法停止当前正在运行的动画；

语法：$(*selector*).stop(*stopAll,goToEnd*)

● find() 方法获得当前元素集合中每个元素的后代，通过选择器、jQuery 对象或元素来筛选；

语法：.find(*selector*)

● jQuery animate() 方法用于创建自定义动画；

语法：$(*selector*).animate({*params*},*speed,callback*)

必需的 params 参数定义形成动画的 CSS 属性。可选的 speed 参数规定效果的时长。它可以取以下值："slow"、"fast" 或毫秒。可选的 callback 参数是动画完成后所执行的函数名称。

● eq() 方法将匹配元素集缩减值指定 index 上的一个；

语法：.eq(*index*)

详细说明：如果给定表示 DOM 元素集合的 jQuery 对象，.eq() 方法会用集合中的一个元素构造一个新的 jQuery 对象。所使用的 index 参数标示集合中元素的位置。

本任务中脚本难点语句功能释义：

```
box.find(".cont").hide().eq(index).show();
```

此语句功能的实现分为三部分，首先是查找 div#navbox 中所有的 class 为 ".cont" 的子菜单块（div）元素；然后将所有子菜单块（div）元素隐藏，即使用 hide() 函数实现；最后是将子菜单块索引值与鼠标经过的主菜单项索引值相等的子菜单块（div）元素进行显示。这就是 jQuery 链式语法风格的具体体现。

任务总结

1．掌握菜单实现的基本结构；

2．掌握 CSS 基本语法；

3．应用脚本实现子菜单块的显示和隐藏。

任务 4-4　滚动图片广告栏实现

任务目标

- 展示图片广告；
- 实现图片滚动特效。

模块知识点

- 熟练应用列表标记；
- 掌握应用脚本实现图片滚动效果；
- 掌握 CSS 控制背景、超链接、列表样式等语法。

明确任务

本任务主要是完成"男女装"电子商务网站首页的滚动图片广告部分。从构建 HTML 结构到设置 CSS 样式，最终完成的效果如图 4-17 所示。

图 4-17　滚动图片广告栏预览

任务解析

根据效果图可以看出，滚动图片广告部分主要由两部分构成，第一部分是左边的滚动图片广告，第二部分是右边的品牌快捷链接、部分热门商品快捷链接。实现整个滚动图片广告栏部分难度主要在于滚动图片的控制，需应用脚本实现动画效果。

任务实现

1. 构建 HTML 结构

（1）根据任务解析，设计主要 HTML 结构如下所示：

```
<!--广告轮播 开始-->
<div class="advertisement_box">
```

```
<div class="advertisement_box_left"> <!-广告栏左边滚动图片广告部分-->
</div>
<div class="advertisement_box_right"><!-广告栏右边热门品牌 Logo 及商品展示-->
    <div class="advertisement_box_right_zuo"></div><!-热门品牌 Logo-->
    <div class="advertisement_box_right_you"></div><!-热门商品展示-->
</div>
<!--广告轮播 结束-->
```

（2）滚动图片广告部分具体实现

在这里需事先准备好广告图片，并放入目录"images\advertisement_img"，根据页面设计效果，图片的大小规格为 800×280px。

```
<div class=" advertisement_box_left">
<!--产品图片轮换 开始-->
    <div class="wrapper">
        <div id="focus">
          <ul>
                <li><a href="#" target="_blank"><img src="images/advertisement
_img/01.jpg" alt="服装" /></a></li>
                <li><a href="#" target="_blank"><img src="images/advertisement
_img/02.jpg" alt="服装" /></a></li>
                <li><a href="#" target="_blank"><img src="images/advertisement
_img/03.jpg" alt="服装" /></a></li>
                <li><a href="#" target="_blank"><img src="images/advertisement
_img/04.jpg" alt="服装" /></a></li>
                <li><a href="#" target="_blank"><img src="images/advertisement
_img/05.jpg" alt="服装" /></a></li>
          </ul>
        </div>
    </div>
<!--产品图片轮换 结束-->
</div>
```

（3）品牌及部分热门商品快捷链接

事先准备好品牌 Logo 图片，并放入目录"images\Logo_img"，图片的大小规格为 71×21px。热门商品在这里选取"images\ Ladies_img"目录中的两张图片，图片的大小规格为 180×177px。

```
<div class="advertisement_box_right">
    <div class="advertisement_box_right_zuo">
      <ul>
        <li><a href="#"><img src="images/Logo_img/lg1.png" alt="Logo"/>
```

```
</a></li>
        <li><a href="#"><img src="images/Logo_img/lg2.png" alt="Logo"/>
</a></li>
        <li><a href="#"><img src="images/Logo_img/lg3.png" alt="Logo"/>
</a></li>
        <li><a href="#"><img src="images/Logo_img/lg4.png" alt="Logo"/>
</a></li>
        <li><a href="#"><img src="images/Logo_img/lg5.png" alt="Logo"/>
</a></li>
        <li><a href="#"><img src="images/Logo_img/lg6.png" alt="Logo"/>
</a></li>
        <li><a href="#"><img src="images/Logo_img/lg7.png" alt="Logo"/>
</a></li>
        <li><a href="#"><img src="images/Logo_img/lg8.png" alt="Logo"/>
</a></li>
        <li><a href="#"><img src="images/Logo_img/lg9.png" alt="Logo"/>
</a></li>
        <li><a href="#"><img src="images/Logo_img/lg10.png" alt="Logo"/>
</a></li>
        <li><a href="#"><img src="images/Logo_img/lg11.png" alt="Logo"/>
</a></li>
        <li><a href="#"><img src="images/Logo_img/lg12.png" alt="Logo"/>
</a></li>
        </ul>
    </div>
    <div class="advertisement_box_right_you">
    <ul>
        <li><a href="#"><img src="images/Ladies_img/2.png" alt="服装" />
</a></li>
        <li><a href="#"><img src="images/Ladies_img/3.png" alt="服装"/>
</a></li>
        </ul>
    </div>
    </div>
```

（4）测试预览效果，按"F12"快捷键，滚动广告部分预览效果如图 4-18 所示，广告栏右侧部分预览效果如图 4-19 所示。

图 4-18　未添加 CSS 样式时滚动广告部分预览图

图 4-19　未添加 CSS 样式时广告栏右侧部分预览图

2．设置 CSS 样式

（1）在 style.css 中定义滚动广告部分样式代码，具体如下：

```css
/*产品广告轮换 开始*/
.advertisement_box{
    width:1000px;
    margin:10px auto;
    }
.advertisement_box_left{
    width:520px;
    float:left;
    }
.wrapper {
    width:520px;
    margin:0 auto;
```

```
    }
#focus {
    width:520px;
    height:225px;
    overflow:hidden;
    position:relative;
    }
#focus ul {
    height:380px;
    position:absolute;
    }
#focus ul li {
    float:left;
    width:520px;
    overflow:hidden;
    position:relative;
    background:#000;
    }
/*产品广告轮换 结束*/
```

测试预览效果，按"F12"快捷键，效果如图 4-20 所示。

图 4-20　添加 CSS 样式后滚动广告部分预览图

#focus 设置样式后如图 4-20 所示，这里只显示第一张图片，因为定义了 overflow:hidden。

（2）在 style.css 中定义广告栏右侧部分样式代码，具体如下：

```
/*右栏产品 开始*/
.advertisement_box_right{
    border-bottom:1px #CCCCCC solid;
    width:460px; float:right;
    }
.advertisement_box_right_zuo{
    width:240px;
    float:left;
    }
```

```
.advertisement_box_right_zuo ul li{
    float:left;
    margin-left:8px;
    line-height:55px;
    height:55px;
    }
.advertisement_box_right_you{
    width:180px;
    float:right;
    }
.advertisement_box_right_you ul li{
    float:left;
    border-bottom:1px #CCCCCC dashe;
    margin-bottom:15px;
    margin-left:10px; }
.advertisement_box_right_zuo ul li img{
    height:21px;
    width:71px;
}
/*右栏产品 结束*/
```

测试预览效果，按"F12"快捷键，效果如图 4-21 所示。

图 4-21　添加 CSS 样式后整个广告栏预览图

3．编写 JavaScript 脚本实现广告图片自动滚动和可选择

我们现在来分析滚动广告图片的具体实现，最终呈现效果如图 4-22 所示。

图 4-22　滚动广告图片设计预览图

（1）从图 4-22 中我们可以看到，在 HTML 结构上需要添加左右按钮以及下方的按钮。一般情况下我们网站上显示的图片是可以随意设置的（如数据库读取等），并且数量往往会产生变化，这里添加的 HTML 结构因为数量的不确定而不能直接写到页面，需用脚本动态生成。

现根据图 4-22 预览效果，我们可以看出展示的广告图片数量为五张，因此我们可以添加的按钮及相关 HTML 结构代码如下：

```
<div class=" advertisement_box_left">
<!--产品图片轮换 开始-->
    <div class="wrapper">
        <div id="focus">
            <ul>……</ul><!—这里省略展示的五张图片相关 HTML 代码-->
            <div class='btnBg'></div><!—此处为脚本动态添加 HTML 代码  开始-->
            <div class='btn'><!—这里是显示五个按钮用于选择显示图片,用 span 实现-->
              <span></span>
              <span></span>
              <span></span>
              <span></span>
              <span></span>
            </div>
            <div class='preNext pre'></div><!—左侧的前一张按钮-->
            <div class='preNext next'></div><!—左侧的下一张按钮-->
                                <!—此处为脚本动态添加 HTML 代码  结束-->
        </div>
    </div>
</div>
```

（2）现定义 CSS 样式对脚本动态添加 HTML 代码进行样式控制，具体代码如下：

```
#focus .btnBg {        /*采用绝对定位，实现滚动广告图片底部*/
    position:absolute;
    width:800px;
    height:20px;
    left:0;
    bottom:0;
    background:#000;
    }
#focus .btn {        /*滚动广告图片底部的按钮*/
    position:absolute;
    width:780px;
    height:10px;
    padding:5px 10px;
```

```
    right:0;
    opacity:0.5;
    bottom:0;
    text-align:right;
    }
#focus .btn span {        /*设置第 n 张选择图片按钮的样式*/
    display:inline-block;
    _display:inline;      /*IE6 识别*/
    _zoom:1;              /*IE6 识别*/
    width:25px;
    height:10px;
    _font-size:0;         /*IE6 识别*/
    margin-left:5px;
    cursor:pointer;
    background:#fff;
    }
#focus .btn span.on {
    background:#fff;
    }
#focus .preNext {         /*设置"sprite.png"图片*/
    width:45px;
    height:100px;
    position:absolute;
    top:60px;
    background:url(..  /images/advertisement_img/sprite.png) no-repeat 0
0; cursor:pointer;}
    #focus .pre {              /*设置"sprite.png"图片显示位置,实现前一张按钮*/
    left:0;
    }
#focus .next {            /*设置"sprite.png"图片显示位置,实现下一张按钮*/
    right:0;
    background-position:right top;
    }
```

图片浏览中的"前一张"、"后一张"按钮由图 4-23 构成，通过 CSS 控制显示。

图 4-23　sprite.png 显示图

（3）此时呈现的效果如图 4-24 所示。

图 4-24　滚动广告测试预览图

（4）编写脚本实现具体功能及样式的控制（主要功能代码）。

通过脚本实现（1）中说明的，需用脚本实现追加 HTML，创建"advertisement.js"脚本文件存放于 js 文件夹中，在<head></head>标签中添加"<script type="text/JavaScript" src="js/advertisement.js"></script>"，advertisement.js 中相关功能代码如下：

```
$(function() {                              //代码生成 HTML 结构
var sWidth = $("#focus").width();           //获取焦点图的宽度（显示面积）
var len = $("#focus ul li").length;         //获取广告图个数
//以下代码添加数字按钮和按钮后的半透明条，还有上一页、下一页两个按钮
var btn = "<div class='btnBg'></div><div class='btn'>";
for(var i=0; i < len; i++) {
    btn += "<span></span>";
}
btn += "</div><div class='preNext pre'></div><div class='preNext next'>
</div>";
$("#focus").append(btn);
```

底部小按钮鼠标滑入事件，并显示相应图片，代码如下：

```
//为小按钮添加鼠标滑入事件，以显示相应的内容
$("#focus .btn span").css("opacity",0.4).mouseenter(function() {
    index = $("#focus .btn span").index(this);
    showPics(index);
}).eq(0).trigger("mouseenter");
```

左右按钮实现前一张和下一张图片切换，代码如下：

```
//上一页、下一页按钮透明度处理
$("#focus .preNext").css("opacity",0.2).hover(function() {
    $(this).stop(true,false).animate({"opacity":"0.5"},300);
    },function() {
    $(this).stop(true,false).animate({"opacity":"0.2"},300);
    });
//上一页按钮
$("#focus .pre").click(function() {
```

```
    index -= 1;
    if(index == -1) {index = len - 1;}
    showPics(index);
});
//下一页按钮
$("#focus .next").click(function() {
    index += 1;
    if(index == len) {index = 0;}
    showPics(index);
});
```

广告图片自动轮换实现代码如下：

```
//鼠标滑上焦点图时停止自动播放，滑出时开始自动播放
$("#focus").hover(function() {
    clearInterval(picTimer);
    },function() {
    picTimer = setInterval(function() {
    showPics(index);
    index++;
    if(index == len) {index = 0;}
    },2000); //此 4000 代表自动播放的间隔，单位：毫秒
}).trigger("mouseleave");
```

（5）最终实现效果如图 4-25、4-26 所示。

图 4-25 第一张滚动广告图

图 4-26 自动轮换到第二张图

★✯ 支撑知识点

在本任务中需要应用 jQuery 实现 HTML 元素的控制及 CSS 样式的应用。JS 代码中使用到的事件有：mouseenter()、hover()、click()、setInterval()、trigger()等，其中 trigger()用于触发被选元素的指定事件类型，规定被选元素要触发的事件。具体使用语法如下：

```
$(selector).trigger(event,[param1,param2,...])
```

参数中 *event* 为必填项，规定指定元素要触发的事件。

任务总结

1. 掌握列表实现的菜单栏；
2. 掌握 jQurey 基本语法；
3. 应用脚本实现广告图片的滚动。

任务 4-5　女装、男装产品展示

任务目标

- 实现女装、男装栏目基本结构；
- DIV 划分布局模块；
- 实现页面布局效果。

模块知识点

- 掌握网页模块拆分；
- 学会使用 DIV 标记；
- 掌握 CSS 基本语法。

明确任务

本章内容主要介绍如何具体实现网站首页产品、品牌栏目效果，效果如图 4-27 至图 4-28 所示。

图 4-27　女装栏目实现效果图

图 4-28　男装栏目实现效果图

任务解析

根据效果图可以看出,"女装"、"男装"从结构和呈现样式来看都非常相似,因此,我们在 CSS 样式定义中进行统一定义,有细微区别的地方再重新定义样式。

任务实现

1. 整体 HTML 结构

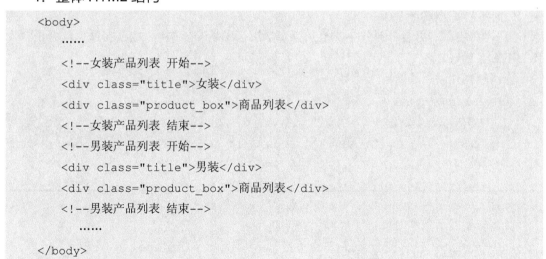

以上 HTML 代码是本任务的整体结构,样式定义部分与任务 4-1 中一致,在完成任务 4-4 后预览效果如图 4-29 所示。

从图 4-27 至图 4-28 可以看出,"女装"、"男装"部分样式定义是一样的,"品牌"、"实体店"以及"实体店推荐"三个部分样式一致,因此在这里分别说明。

图 4-29　预览效果图

2."女装"具体实现

（1）"女装"、"男装"部分 HTML 代码结构，因两部分结构一致，在这里仅列出"女装" HTML 代码。

标题 HTML：

```
<div class="title">
     <h3>女装</h3>
     <span><a href="#">轻薄型</a> | <a href="#">带帽</a> | <a href="#">毛领</a></span>
     <div class="clear"></div>
</div>
```

女装商品展示基本 HTML（仅展示一件商品）：

```
<div class="product_box">
     <ul>
       <li class="firstli"><a href="#"><img src="images/Ladies_img/p1.png" alt="服装"/></a></li>
       <li><a href="#">2014冬装新款missfofo正品欧洲</a></li>
       <li><b>￥298元</b><em>￥995</em></li>
```

```
        </ul>
</div>
```

（2）CSS 样式定义：

```css
/*标题 开始*/
.title{
    margin:0 auto;
    width:990px; padding:5px;
    }
.title h3{
    float:left;
    font-size:22px;
    color:#93C;
    line-height:30px;
    height:30px;
    }
.title span{
    float:right;
    color:#666;
    font-size:12px;
    margin-top:10px;
    }
.title a{
    color:#93C;
    font-style:normal;
    padding-left:5px;
    padding-right:5px;
    }
.title a:link{
    color:#93C;
    }
.title a:visited{
    color:#93C;
    }
.title a:hover{
    opacity:0.7;
    }
/*标题 结束*/
/*产品列表 开始*/
.product_box{
```

```css
        width:980px;
        padding:10px;
        margin:0 auto;
        border:1px #CCCCCC solid;
        }
.product_box ul{
        float:left;
        width:180px;
        margin:8px;
        }
.product_box ul li{
        overflow:hidden;
        font-size:12px;
        color:#666;
        line-height:25px;
        height:25px;
        margin: height:25px;
        white-space:nowrap;                    /*规定文本不进行换行*/
        width:170px;
        text-overflow:ellipsis;  /*当文本溢出包含元素时显示省略符号来代表被修剪的文本*/
        }
.product_box ul .firstli{
        line-height:177px;
        height:177px;
        width:180px;
        }
.product_box b{
        color:#F60;
        }
.product_box em{
        color:#999;
        margin-left:20px;
        text-decoration:line-through;              /*设置字符删除样式*/
        }
.product_box a:link{
        color:#666;
        }
.product_box a:visited{
        color:#666;
```

```
        }
    .product_box a:hover{
        opacity:0.7;                          /*鼠标经过时不透明级别为0.7*/
        }
    /*产品列表 结束*/
```

仅展示一件商品时"女装"预览效果如图 4-30 所示。

图 4-30　"女装"预览效果图

鼠标经过时商品效果如图 4-31 所示。

图 4-31　鼠标经过商品图片时效果图

"女装"HTML 全部代码如下：

```
<!--女装产品列表 开始-->
    <div class="title">
      <h3>女装</h3>
      <span><a href="#">轻薄型</a> | <a href="#">带帽</a> | <a href="#">毛
领</a></span>
      <div class="clear"></div>
    </div>
    <div class="product_box">
      <ul>
        <li class="firstli"><a href="#"><img src="images/Ladies_img/p1.
png" alt="服装" /></a></li>
        <li><a href="#">2014 冬装新款 missfofo 正品欧洲</a></li>
```

```
        <li><b>￥298 元</b><em>￥995</em></li>
    </ul>
    <ul>
        <li class="firstli"><a href="#"><img src="images/Ladies_img/p2.
png" alt="服装"></a><li>
        <li>2014 冬装新款 missfofo 正品欧洲</li>
        <li><b>￥598 元</b><em>￥95</em></li>
    </ul>
    <ul>
        <li class="firstli"><a href="#"><img src="images/Ladies_img/p3.
png" alt="服装"/></a></li>
        <li>2014 冬装新款 missfofo 正品欧洲</li>
        <li><b>￥358 元</b><em>￥1095</em></li>
    </ul>
    <ul>
        <li class="firstli"><a href="#"><img src="images/Ladies_img/p4.
png" alt="服装"/></a></li>
        <li>2014 冬装新款 missfofo 正品欧洲</li>
        <li><b>￥778 元</b><em>￥995</em></li>
    </ul>
    <ul>
        <li class="firstli"><a href="#"><img src="images/Ladies_img/p5.
png" alt="服装" /></a></li>
        <li>2014 冬装新款 missfofo 正品欧洲</li>
        <li><b>￥598 元</b><em>￥995</em></li>
    </ul>
    <ul>
        <li class="firstli"><a href="#"><img src="images/Ladies_img/p1.
png" alt="服装"/></a></li>
        <li>2014 冬装新款 missfofo 正品欧洲</li>
        <li><b>￥298 元</b><em>￥995</em></li>
    </ul>
    <ul>
        <li  class="firstli"><a  href="#"><img  src="images/Ladies_img/
p2.png" alt="服装"/></a></li>
        <li>2014 冬装新款 missfofo 正品欧洲</li>
        <li><b>￥598 元</b><em>￥95</em></li>
    </ul>
    <ul>
```

```
            <li class="firstli"><a href="#"><img src="images/Ladies_img/p3.
png" alt="服装"/></a></li>
            <li>2014 冬装新款 missfofo 正品欧洲</li>
            <li><b>￥358 元</b><em>￥1095</em></li>
        </ul>
        <ul>
            <li class="firstli"><a href="#"><img src="images/Ladies_img/p4.
png" alt="服装"/></a></li>
            <li>2014 冬装新款 missfofo 正品欧洲</li>
            <li><b>￥778 元</b><em>￥995</em></li>
        </ul>
        <ul>
            <li class="firstli"><a href="#"><img src="images/Ladies_img/p5.
png" alt="服装"/></a></li>
            <li>2014 冬装新款 missfofo 正品欧洲</li>
            <li><b>￥598 元</b><em>￥995</em></li>
        </ul>
        <div class="clear"></div>
    </div>
    <!--女装产品列表 结束-->
```

完成"女装"、"男装"HTML 代码后预览效果如图 4-32 所示。

图 4-32 完成"女装""男装"后预览效果图

支撑知识点

本任务的 CSS 样式定义中用到两个属性，在这里需要具体说明下，分别是：white-space、opacity。

1. white-space

主要用于设置如何处理元素内的空白。这个属性声明建立布局过程中如何处理元素中的空白符。值 pre-wrap 和 pre-line 是 CSS 2.1 中新增的。其属性值如下：

- *normal* 　默认空白会被浏览器忽略；
- *pre* 　　 空白会被浏览器保留，其行为方式类似 HTML 中的<pre>标签；
- *nowrap* 　文本不会换行，文本会在同一行上继续，直到遇到
标签为止；
- *pre-wrap* 保留空白符序列，但是正常地进行换行；
- *pre-line* 合并空白符序列，但是保留换行符；
- *inherit* 　规定应该从父元素继承 white-space 属性的值。

2. opacity

用于设置元素的不透明级别。其属性值如下：

- value 　规定不透明度。从 0.0（完全透明）到 1.0（完全不透明）；
- inherit 应该从父元素继承 opacity 属性的值。

任务总结

1. 掌握男装、女装栏目的基本结构实现；
2. 掌握 CSS 控制图片样式；
3. 应用 CSS 实现图片的展示、美化。

任务 4-6　品牌、实体店及页脚展示

任务目标

- 实现品牌、实体店等栏目基本结构；
- DIV 划分布局模块；
- 实现页面布局效果。

模块知识点

掌握网页模块拆分；

- 学会使用 DIV 标记；
- 掌握 CSS 基本语法。

明确任务

本章内容主要介绍如何具体实现网站首页品牌、实体店展示以及页脚，效果如图 4-33 至图 4-35 所示。

图 4-33　"品牌展示"栏目实现效果图

图 4-34　"实体店展示"栏目实现效果图

图 4-35　"实体店推荐"栏目实现效果图

任务解析

根据效果图可以看出，"品牌"、"实体店"以及"实体店推荐"几个栏目从结构和呈现样式来看都非常相似，因此，我们在 CSS 样式定义中进行统一定义，有细微区别的地方再重新定义样式。

任务实现

1. 整体 HTML 结构

```
<body>
    ......
    <!--品牌列表 开始-->
    <div class="title">品牌</div>
    <div class="product_box">品牌列表</div>
    <!--品牌列表 结束-->
    <!--实体店列表  开始-->
    <div class="title">实体店</div>
    <div class="product_box">实体店列表</div>
    <!--实体店列表结束-->
    <!--实体店推荐列表  开始-->
    <div class="title">实体店推荐</div>
    <div class="product_box">实体店列表</div>
    <!--实体店推荐列表 结束-->
    <div class="footer">页脚</div>
</body>
```

2. "品牌"具体实现

（1）"品牌"HTML 代码结构。

标题 HTML：

```
<div class="title_LV">
    <h3>品牌</h3>
    <span><a href="#">Bosideng/波司登</a><a href="#">艾莱依</a><a href="#">
yaloo/雅鹿</a><a href="#">Honry</a><a href="#">Clouds/多多飞</a><a href="#">
Snow FLYING/雪中飞</a><a href="#">韩国 SZ 冰洁</a><a href="#">BESTBAO/百诗堡</a></
/span>
    <div class="clear"></div>
</div>
```

品牌展示需要准备好一些品牌的 Logo 图片，存放在"Logo_img"文件夹中，以下是

HTML 结构：

```
        <div class="LV_box">
        <ul>
          <li><a href="#"><img src="images/brand_img/LV.png" alt="品牌 Logo"
/></a></li>
          <li><a href="#"><img src="images/brand_img/LV1.png" alt="品牌 Logo"
/></a></li>
          <li><a href="#"><img src="images/brand_img/LV2.png" alt="品牌 Logo"
/></a></li>
          <li><a href="#"><img src="images/brand_img/LV3.png" alt="品牌 Logo"
/></a></li>
          <li><a href="#"><img src="images/brand_img/LV4.png" alt="品牌 Logo"
/></a></li>
          <li><a href="#"><img src="images/brand_img/LV5.png" alt="品牌 Logo"
/></a></li>
          <li><a href="#"><img src="images/brand_img/LV6.png" alt="品牌 Logo"
/></a></li>
          <li><a href="#"><img src="images/brand_img/LV7.png" alt="品牌 Logo"
/></a></li>
          <li><a href="#"><img src="images/brand_img/LV8.png" /></a></li>
          <li><a href="#"><img src="images/brand_img/LV9.png" alt="品牌 Logo"
/></a></li>
          <li><a href="#"><img src="images/brand_img/LV10.png" alt="品牌 Logo"
/></a></li>
          <li><a  href="#"><img  src="images/brand_img/LV11.png"  alt=" 品 牌
LOGO"/></a></li>
          <li><a href="#"><img src="images/brand_img/LV12.png" /></a></li>
          <li><a href="#"><img src="images/brand_img/LV13.png" alt="品牌 Logo
"/></a></li>
          <li><a href="#"><img src="images/brand_img/LV14.png" alt="品牌 Logo
"/></a></li>
          <li><a href="#"><img src="images/brand_img/LV15.png" alt="品牌 Logo
"/></a></li>
          <li><a href="#"><img src="images/brand_img/LV16.png" alt="品牌 Logo
"/></a></li>
          <li><a href="#"><img src="images/brand_img/LV17.png" alt="品牌 Logo
"/></a></li>
          <li><a href="#"><img src="images/brand_img/LV18.png" alt="品牌 Logo
"/></a></li>
```

```
        <li><a href="#"><img src="images/brand_img/LV19.png" alt="品牌 Logo
"/></a></li>
        <li><a href="#"><img src="images/brand_img/LV20.png" alt="品牌 Logo
" /></a></li>
        <li><a href="#"><img src="images/brand_img/LV21.png" alt="品牌 Logo
"/></a></li>
        <li><a href="#"><img src="images/brand_img/LV22.png" alt="品牌 Logo
" /></a></li>
        <li><a href="#"><img src="images/brand_img/LV23.png" alt="品牌 Logo
"/></a></li>
        <li><a href="#"><img src="images/brand_img/LV24.png" alt="品牌 Logo
"/></a></li>
        <li><a href="#"><img src="images/brand_img/LV25.png" alt="品牌 Logo
"/></a></li>
    </ul>
    <div class="clear"></div></div>
```

（2）CSS 样式定义：

```
/*品牌列表 开始*/    /*品牌列表标题 开始*/
.title_LV{
    margin:0 auto;
    width:990px;
    padding:5px;
    }
.title_LV h3{
    font-size:22px;
    float:left;
    line-height:40px;
    height:40px;
    color:#93C;
    }
.title_LV span{
    color:#93C;
    font-size:12px;
    float:right;
    margin-top:15px;
    }
.title_LV span i{
    margin-left:10px;
    }
```

```
    .title_LV a{

        color:#93C;

        padding-left:5px;

        padding-right:5px;

        }

.title_LV a:link{

        color:#93C;

        }

.title_LV a:visited{

        color:#93C;

        }

.title_LV a:hover{

        opacity:0.7;

        }

/*品牌列表标题 结束*/  /*品牌列表 Logo 开始*/

.LV_box{

        width:980px;

        padding:10px;

        margin:0 auto;

        border:1px #CCCCCC solid;

        }

.LV_box ul li{

        float:left;

        width:100px;

        margin-left:8px;

        margin-top:10px;

        }

.LV_box a:hover{

        opacity:0.7;

        }

/*品牌列表 Logo 结束*/  /*品牌列表 结束*/
```

"品牌"列表预览效果如图 4-36 所示。

图 4-36 "实体店推荐"栏目实现效果图

3. "实体店"及"实体店推荐"具体实现

在"实体店"及"实体店推荐"的具体实现中，HTML 结构及 CSS 样式定义均与前面"产品展示"、"品牌展示"等部分较为相似，因此在标题的样式定义上继续使用.title 类和.product_box_std 类的样式定义，有区别的地方在"实体店"的展示中使用新的类去定义样式。

（1）"实体店"及"实体店推荐"HTML。

```html
<!--实体店列表  开始-->
  <div class="title">
   <h3>实体店</h3>
   <span><a href="#">Bosideng/波司登</a><a href="#">艾莱依</a><a href="#">
yaloo/雅鹿</a><a href="#">Honry</a><a href="#">Clouds/多多飞</a><a href="#"
>Snow FLYING/雪中飞</a><a href="#">韩国 SZ 冰洁</a><a href="#">BESTBAO/百诗堡</a>
</span>
        <div class="clear"></div>
    </div>
   <div class="product_box_std">
    <ul>
      <li><a href="#"><img src="images/physicalstore_img/11.png" alt="实
体店服装"/></a></li>
       <li><a href="#"><img src="images/physicalstore_img/12.png" alt="实
体店服装"/></a></li>
       <li><a href="#"><img src="images/physicalstore_img/11.png" alt="实
体店服装"/></a></li>
       <li><a href="#"><img src="images/physicalstore_img/12.png" alt="实
体店服装"/></a></li>
     </ul>
    <div class="clear"></div>
     </div>
    <!--实体店列表结束-->
    <!--实体店推荐列表  开始-->
  <div class="title">
     <h3>实体店推荐</h3>
     <div class="clear"></div>
  </div>
  <div class="product_box">
   <ul>
     <li class="firstli"><a href="#"><img src="images/physicalstore_img/
15.png" alt="服装"/></a></li>
```

```
            <li>2014 冬装新款 missfofo 正品欧洲</li>
            <li> <b>￥298 元</b><em>￥995</em></li>
         </ul>
      <ul>
         <li class="firstli"><a href="#"><img src="images/physicalstore_img/
16.png" alt="服装"/></a></li>
            <li>2014 冬装新款 missfofo 正品欧洲</li>
            <li><b>￥598 元</b><em>￥995</em></li>
         </ul>
      <ul>
         <li class="firstli"><a href="#"><img src="images/physicalstore_img/
17.png" alt="服装" /></a></li>
            <li>2014 冬装新款 missfofo 正品欧洲</li>
            <li><b>￥358 元</b><em>￥1095</em></li>
         </ul>
      <ul>
         <li class="firstli"><a href="#"><img src="images/physicalstore_img/
18.png" alt="服装"/></a></li>
            <li>2014 冬装新款 missfofo 正品欧洲</li>
            <li><b>￥778 元</b><em>￥995</em></li>
         </ul>
      <ul>
         <li class="firstli"><a href="#"><img src="images/physicalstore_img/
19.png" alt="服装" /></a></li>
            <li>2014 冬装新款 missfofo 正品欧洲</li>
            <li><b>￥598 元</b><em>￥995</em></li>
         </ul>
      <ul>
         <li class="firstli"><a href="#"><img src="images/physicalstore_img/
20.png" alt="服装"/></a></li>
            <li>2014 冬装新款 missfofo 正品欧洲</li>
            <li><b>￥298 元</b><em>￥995</em></li>
         </ul>
      <ul>
         <li class="firstli"><a href="#"><img src="images/physicalstore_img/
21.png" alt="服装"/></a></li>
            <li>2014 冬装新款 missfofo 正品欧洲</li>
            <li><b>￥598 元</b><em>￥995</em></li>
         </ul>
```

```
    <ul>
        <li class="firstli"><a href="#"><img src="images/physicalstore_img/
22.png" alt="服装"/></a></li>
            <li>2014 冬装新款 missfofo 正品欧洲</li>
            <li><b>￥358 元</b><em>￥1095</em></li>
        </ul>
    <ul>
        <li class="firstli"><a href="#"><img src="images/physicalstore_img/
23.png" alt="服装"/></a></li>
            <li>2014 冬装新款 missfofo 正品欧洲</li>
            <li><b>￥778 元</b><em>￥995</em></li>
        </ul>
    <ul>
        <li class="firstli"><a href="#"><img src="images/physicalstore_img/
24.png" alt="服装" /></a></li>
            <li>2014 冬装新款 missfofo 正品欧洲</li>
            <li><b>￥598 元</b><em>￥995</em></li>
        </ul>
        <div class="clear"></div>
    </div>
    <!--实体店推荐列表 结束-->
```

（2）CSS 样式定义（使用.title 和.product_box 类的样式定义在这里就不再列出）。

```
/*实体店 开始*/
.product_box_std{
    width:980px;
    padding:10px;
    margin:0 auto;
    border:1px #CCCCCC solid;
    }
.product_box_std ul li{
    float:left;margin:12px;
    }
.product_box_std a:hover{
    opacity:0.7;
    }
/*实体店 结束*/
```

（3）"实体店"及"实体店推荐"页面预览效果如图 4-37 和图 4-38 所示。

图 4-37 "实体店"预览效果图

图 4-38 "实体店推荐"预览效果图

4. 页脚具体实现

（1）页脚 HTML。

```
<!--页脚 开始-->
<div class="footer">
    <em>@</em><em>2016</em><em>男女装</em><em>www.nannvz.com</em><em>版权
所有</em>
</div>
<!--页脚 结束-->
```

（2）CSS 样式定义。

```
/*页脚 开始*/
.footer{
    width:100%;
    background:#F2F2F2;
    margin:auto;
    margin-top:10px;
    line-height:30px;
```

```
    text-align:center;
    }
.footer em{
    margin-left:10px;
    font-size:12px; color:#333;
    }
/*页脚 结束*/
```

（3）页面预览效果如图 4-39 所示。

图 4-39 "男女装"页面整体预览效果图

图 4-39 "男女装"页面整体预览效果图（续）

任务总结

1. 掌握品牌、实体店及页脚基本结构的实现；
2. 掌握 JavaScript 的基本语法。

任务 4-7　页面调整与测试

任务目标

- 整体页面调整；
- Web 标准测试；
- 代码优化；
- 浏览器兼容性测试。

模块知识点

- 掌握代码优化；
- 掌握 Web 标准测试；
- 掌握浏览器兼容性测试。

明确任务

本任务主要是完成整个"男女装"网站首页的整体调整、代码优化、Web 标准测试以及浏览器兼容测试等。

任务解析

（1）完成任务 4-6 后，整个页面基本成形。在制作完成的最后，还需要对页面作一些细节上的调整，如各块之间的 padding 和 margin 值是否与整体协调、代码的优化等。

（2）为了验证所完成的网站是否符合 W3C 标准，所写的 HTML 和 CSS 代码都要进行测试，对提出的错误和警告都要整改。

（3）测试网站在各种浏览器中的兼容性。

任务实现

下面将对整个网站进行三个方面的调整和测试，分别为页面调整和代码优化、Web 标准测试和浏览器兼容测试。

1. 页面调整和代码优化

（1）统一整个页面的字体样式，如字体、大小、字体颜色等，我们可以把统一的样式写在样式表的前面。

（2）清理所能简写的代码，统一进行简写，代码如下所示：

```
h1,h2,h3,h4,h5,h6{
font-size:100%;
}
i,em,b,cite,strong,small,dfn{
font-style:normal;
}
```

（3）代码优化是把所有具备相同样式的选择器都改为用类选择器或者通过群组选择器来完成。

2．Web 标准测试

Web 标准测试需要测试 HTML 结构和 CSS 样式。Web 标准测试有两种方法：一种是利用浏览器直接验证，例如火狐浏览器；另一种是把文件上传到 W3C 提供的测试网址（验证 HTML 结构网站：http://validator.w3.org/，验证 CSS 样式网站：http://jigsaw.w3.org/css-validator/）上进行测试。

HTML 结构验证步骤如下：

STEP 1 打开浏览器输入 HTML 结构检测网站，如图 4-40 所示。

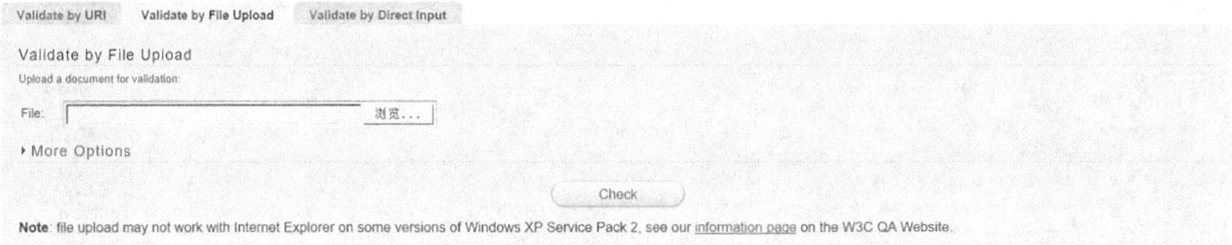

图 4-40 选择"上传文件验证"示意图

STEP 2 上传 HTML 文档，点击"check"，检测结果如图 4-41 所示。

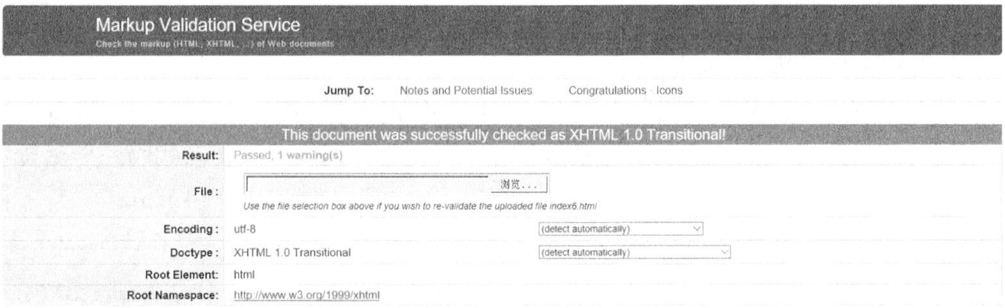

图 4-41 检测结果图

根据验证图可知有一处警告，在验证页中往下滑动，给出了相关具体描述，如图 4-42 所示，此警告在本案例中可以忽略。

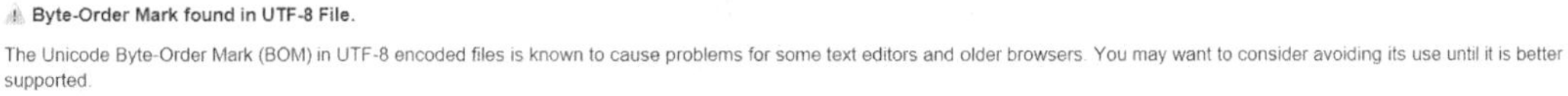

图 4-42 警告内容示意图

CSS 样式验证（利用 W3C 提供的验证网站验证）

（1）打开网站 http://jigsaw.w3.org/css-validator/，如图 4-43 所示。

图 4-43 验证网站图

（2）单击第二个选项卡"通过文件上传"，上传需要验证的 CSS 文件，单击"check"按钮。测试的结果如图 4-44 所示。

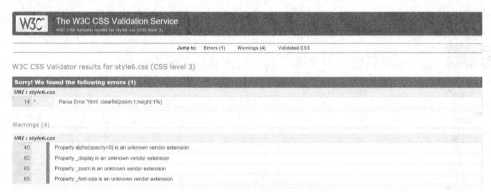

图 4-44 CSS 验证结果示意图

从检测结果来看，其中 1 个错误和 4 处警告的 CSS 代码均为用于定义不同浏览器的兼容性，在此就不作修改了。

3. 浏览器兼容测试

兼容性测试主要是考虑到不同浏览器对某些代码的解释不同，会出现不同浏览器显示效果不同的情况，或者某种样式不能显示。为了避免兼容问题，编写的代码要尽量符合各个浏览器的兼容性，这里使用的各版本浏览器是使用 IE11 中的"F12 开发人员工具"提供的模拟环境，如图 4-45 所示。

图 4-45 "F12 开发人员工具"界面图

（1）在 IE8、IE9、IE10、IE11 版本中浏览测试，本页面显示正常。

（2）在火狐、Chrome 浏览器中浏览也正常。

（3）在 IE7 中浏览则出现如图 4-46 所示的效果。

图 4-46　IE7 中浏览效果图

经过分析，现将"搜索"按钮处的样式定义进行兼容性调试，相应代码修改后如下：

```
.btn{
    float:right;
    background:#93C;
    font-size:14px;
    font-weight:bold;
    color:#FFF;
    line-height:35px;
    height:35px;
    width:70px;
    *float:none;    /*使按钮在 IE7 及以下正常显示*/
    *width:68px;  /*使按钮在 IE7 及以下正常显示*/
    _width:66px;  /*使按钮在 IE5 中正常显示*/
    }
```

修改后浏览效果如图 4-47 所示。

图 4-47　兼容性处理后在 IE7 中的浏览效果图

★ 支撑知识点

　　Web 网站是否符合 Web 国际标准主要在以下两个网站检测，HTML 结构网站：http://validator.w3.org/，验证 CSS 样式网站：http://jigsaw.w3.org/css-validator/。也可以利用火狐浏览器验证，具体步骤如下：

　　（1）安装 Web_developer 插件。可以先网上下载，下载后直接拖放到浏览器的附加组件中，将自行安装。也可以直接在火狐浏览器的附加组件中搜索 Web_developer，然后直接安装；

　　（2）选中火狐标题栏，单击右键，选中 Web_developer 工具栏，让其在页面中显示；

　　（3）在火狐浏览器中打开需要测试的网页，单击"工具"菜单，验证本地 HTML。

任务总结

　　1. 掌握 CSS 的缩写和优化；

　　2. 掌握 HTML 和 CSS 代码的标准测试；

　　3. 掌握不同的浏览器兼容性测试。

第 5 章 综合信息类网站

任务 5-1 网站首页整体布局分析设计

任务目标

- 画出页面布局图；
- DIV 划分布局模块；
- 实现页面布局图。

模块知识点

- 掌握网页模块拆分；
- 学会使用 DIV 标记；
- 掌握 CSS 基本语法。

明确任务

本章内容主要介绍如何具体实现综合信息网站——博鳌网站，网站首页最终设计实现效果如图 5-1 所示。

图 5-1　本章内容最终设计实现效果图

本任务 5-1 主要是完成博鳌网站首页的基本布局，从绘制布局草图到构建 HTML 结构和设置 CSS 样式，最终完成基本布局示意图如图 5-2 所示。

图 5-2 首页基本布局示意图

任务解析

博鳌网站主要以展示地方综合信息为主体，网站首页包含顶部注册、登录、导航、滚动新闻图片以及各分类信息等部分，在本任务中定义基本的 HTML 结构和 CSS 样式。

任务实现

1. 构建 HTML 结构

```
<body>
  <div class="box"> 注册登录 </div>
  <div class="top"> 网站 banner </div>
  <div class="box"> 导航 </div>
  <div class="box"> 新闻图片浏览及新闻信息
    <div class="left"> </div>
    <div class="right"> </div>
```

```
    <div class="clear"></div>
  </div>
  <div class="box mar_top"><img src="" />图片1</div>
  <div class="box"> 房产、教育信息
    <div class="left"></div>
    <div class="right"></div>
    <div class="clear"></div>
  </div>
  <div class="box mar_top"><img src=""/>图片2</div>
  <div class="box"> 旅游、企业信息
    <div class="left"></div>
    <div class="right"></div>
    <div class="clear"></div>
  </div>
  <div class="box mar_top"><img src=""/>图片3</div>
  <div class="box"> 家居、人才信息
    <div class="left"></div>
    <div class="right"></div>
    <div class="clear"></div>
  </div>
  <div class="box mar_top"><img src=""/>图片4</div>
  <div class="box"> 美食、酒店信息
    <div class="left"></div>
    <div class="right"></div>
    <div class="clear"></div>
  </div>
  <div class="box">
    <div class="box"> 页脚 </div>
  </div>
</body>
```

构建站点、网站目录的具体实现步骤如下：

STEP 1　规划站点结构。在某一盘符中新建一个文件夹作为站点文件夹，例如，在 D 盘中建立一个 root 文件夹作为站点文件夹，并在 root 中建立一个名为 Boao 的文件夹，用于存储该网站的所有文件，接着在 Boao 文件夹中再新建名为 images、css、js 的文件夹分别用于存储网站的图片、样式表以及 JavaScript 脚本。

STEP 2　创建本地站点。打开 Dreamweaver CS6，单击 "站点" 菜单，选择 "新建站点" 命令，打开 "设置站点对象" 对话框，输入站点名称为 site，本地站点文

件夹为 D:\root\ ，按"确定"按钮完成站点的建立。

STEP 3 新建一个空白网页，保存到 D:\root\Boao\文件夹中，并命名为 index.html。

STEP 4 打开编码模式，根据布局图以及所讲的知识，可以得出用 DIV 划分布局模块的 HTML 结构。

STEP 5 根据网站的文件划分，将网站文件目录定义如图 5-3 所示。

其中 images 文件夹中设置图片素材存储文件夹，文件目录如图 5-4 所示。

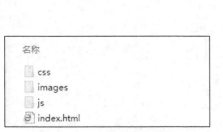

图 5-3　站点文件目录图　　　　　图 5-4　images 文件目录内容图

- company_img 文件夹用于存放公司、企业相关图片；
- education_img 文件夹用于存放教育类专题相关图片；
- food-img 文件夹用于存放美食类相关图片；
- homeFurnishing_img 文件夹用于存放家居类相关图片；
- hotel_img 文件夹用于存放酒店类相关图片；
- houseproperty_img 文件夹用于存放房地产类相关图片；
- index_img 文件夹用于存放网站首页相关图片；
- news_img 文件夹用于存放新闻类相关图片；
- personnel_img 文件夹用于存放人才招聘类相关图片；
- tour_img 文件夹用于存放旅游信息类相关图片。

2. 设置 CSS 样式

（1）创建 CSS 文件。新建一个 CSS 文件，保存到 D:\root\Boao\css 文件夹中，并命名为 style.css，以下代码将在 style.css 文件里完成。

（2）根据 HTML 结构中的定义，基本样式定义如下：

```css
@charset "utf-8";
/* HTML 基本元素样式定义*/
body {
    margin:0 auto;
    background-color:#f7fbff;
    }
```

```
div,td {
    font-size: 14px;
    line-height: 20px;
    font-family: Arial, Helvetica,"宋体", sans-serif;
    }
div,form,img,ul,ol,li,dl,dt,dd {
    margin:0px;
    padding:0px;
    border:0px;
    list-style:none;
    }
p,h1,h2,h3,h4,h5,h6 {
    margin:0px;
    padding:0px;
    font-size:12px;
    font-weight:normal;
    }
INPUT {
    FONT-SIZE: 14px;
    FONT-FAMILY: Arial, Helvetica, sans-serif;
    padding:1px
    }
SELECT {
    FONT-SIZE: 14px;
    FONT-FAMILY:Arial, Helvetica, sans-serif;
    }
ul,li {
    LIST-STYLE-TYPE: none;
    }
textarea {
    FONT-SIZE: 14px;
    padding:4px
    }
.clear {
    clear:both;
    }
    /* ------------- box、top 等基本设置----------- */
.box {
    width:1000px;
```

```
    margin:0px auto;

    clear:both;

    border:solid #CCC 1px;

    height:80px;

    }
.mar_top {

    margin-top:10px auto;

    border:solid #CCC 1px;

    width:1000px;

    height:50px;

    }
.top {

    width:1000px;

    height:150px;

    margin:0px auto;

    border:1px #ccc solid;

    }
```

（3）链接 CSS 文件。设置 CSS 样式完成后，保存，在 HTML 结构中链接 CSS 文件，在<head></head>标签中添加以下<link>标签语句，具体代码如下：

```
<head>
<link rel="stylesheet" href="style.css" type="text/css" />
</head>}
```

（4）测试预览效果，按"F12"快捷键，效果如图 5-2 所示。

任务总结

1. 根据框架给出 DIV 结构代码；
2. 掌握 CSS 基本语法。

任务 5-2　页面头部、Banner 及导航具体实现

任务目标

- 展示用户登录、注册等信息；
- 展示网站 Banner；
- 实现网站导航。

模块知识点

- 熟练操作图片、超链接、列表标记；
- 掌握 input 等表单元素的应用；
- 掌握 CSS 控制背景、超链接、列表样式等语法。

明确任务

本任务主要是完成博鳌网站首页的 Logo、用户登录注册、Banner 以及导航。从构建 HTML 结构到设置 CSS 样式，最终完成的效果如图 5-5 所示。

图 5-5　博鳌网站首页用户登录注册、Banner 及导航实现效果

任务解析

根据效果图可以看出，页面头部可划分为三部分：第一部分是网站 Logo 和用户交互的入口，即注册、登录以及用户状态的显示；第二部分是网站 Banner；第三部分是导航部分。本任务的实现难度不大，需要注意的是 Banner 和导航部分两边有扩展，在背景色设置上要与图片边缘部分搭配合适。

任务实现

1. 构建 HTML 结构

（1）在完成任务 5-1 的基础上，对本任务中需要实现的部分进行相应的修改（HTML 结构和 CSS 样式），具体如下：

```
<body>
<!------网站 Logo 和用户登录注册------>
<div class="box">
  <div class="Logo" style="float:left;"><img src="images/index_img/Logo
.jpg" width="158" height="39" /></div>
  <div class="login">
    <ul>
      <li><span>会员登录</span></li>
      <li>账号:
```

```html
        <input name="" type="text" />
      </li>
      <li>密码:
        <input name="" type="text" />
      </li>
      <li><a href="#">注册</a></li>
      <li><a href="#">登录</a></li>
    </ul>
    <div class="clear"></div>
  </div>
  <div class="clear"></div>
</div>
<!---------------------banner------------------------->
<div class="top">
  <div class="box"><img src="images/index_img/top.jpg" width="1000" height="150" /></div>
</div>
<!---------------------导航---------------------------->
<div class="nav_bg">
  <div class="nav">
    <ul>
      <li><a href="#">首页</a></li>
      <li><a href="#">新闻</a></li>
      <li><a href="#">教育</a></li>
      <li><a href="#">人才</a></li>
      <li><a href="#">企业</a></li>
      <li><a href="#">房产</a></li>
      <li><a href="#">家居</a></li>
      <li><a href="#">旅游</a></li>
      <li><a href="#">酒店</a></li>
      <li><a href="#">美食</a></li>
    </ul>
    <div class="clear"></div>
  </div>
  <div class="clear"></div>
</div>
<!---------------------此处省略后续代码----------------------->
</body>
```

（2）测试预览效果，按"F12"快捷键，效果如图 5-6 所示。

图 5-6　未添加 CSS 样式时测试预览图

2. 设置 CSS 样式

（1）在 style.css 中定义相关元素样式代码，部分代码在任务 5-1 定义的基础上有所修改（如边框显示、颜色等），本任务完整定义代码如下：

```
/* HTML 基本元素样式定义*/
.......................
/* HTML 基本元素样式定义结束*/
/* -------------- box----------- */
.box {
    width:1000px;
    margin:0px auto;
    clear:both;}
    .mar_top {
    margin-top:10px;
    }
/* ----------网页顶部 Logo 和用户登录注册等------ */
.login {
    padding:10px;
    background-color:#fff;
    float:right;
    width:390px;
    }
.login ul li {
    font-size:12px;
    color:#6d6d6d;
    float:left;
    line-height:24px;
    padding-right:15px;
    }
.login ul li span {
```

```
    font-size:12px;
    color:#fda701;
    font-weight:bold;
    text-align:center;
    }
.login ul li a:link,a:hover,a:visited{
    font-size:12px;
    color:#fda701;
    font-weight:bold;
    text-decoration:none;
    padding-top:3px;}
    .login input{
    width:60px;
    }
/* -------------- 网页 Banner----------- */
.top {
    background-color:#4eb4d3;
    height:150px;
    border-top:1px #24A9C6 solid;
    }
/* -------------- 网页导航----------- */
.nav_bg {
    background-color:#055f98;
    }
.nav {
    padding:0px;
    width:1000px;
    margin:auto;
    }
.nav ul li {
    float:left;
    line-height:50px;
    padding-right:30px;
    }
.nav ul li a:link, .nav ul li a:visited {
    font-size:16px;
    color:#fff;
    text-decoration:none;
    font-family:"Arial Black", Gadget, sans-serif,"微软雅黑";
```

```
        font-weight:bold;
    }
.nav ul li a:hover {
    font-size:16px;
    color:#fda701;
    text-decoration: underline;
    font-family:"Arial Black", Gadget, sans-serif,"微软雅黑";
    font-weight:bold;
    }
```

（2）测试预览效果，按"F12"快捷键，效果如图 5-7 所示。

图 5-7　测试预览图

任务总结

1. 根据页面头部、Banner 以及导航设计给出 DIV 结构代码；
2. 掌握 Banner 实现方式。

任务 5-3　图片浏览及新闻栏实现

任务目标

● 展示图片滚动特效；
● 实现新闻信息列表显示。

模块知识点

● 熟练应用列表标记；
● 掌握应用 jQuery 脚本实现图片浏览效果；
● 掌握 CSS 控制背景、超链接、列表样式等语法。

明确任务

本任务主要是完成博鳌网站首页的图片浏览部分及新闻信息列表部分。从构建 HTML 结构到设置 CSS 样式，最终完成的效果如图 5-8 所示。

图 5-8　图片浏览特效及新闻列表（线框部分）效果图

任务解析

根据效果图可以看出，本任务主要由两部分构成：第一部分是左侧的图片浏览特效，第二部分是新闻列表，其中图片浏览特效应用的是网络资源 jQuery 案例，在此仅作为学习之用。

任务实现

1. 构建 HTML 结构

（1）本任务需要完成图片浏览和新闻列表两部分，因图片浏览特效要用到脚本，需在 <head> 标签中加入 js 脚本引用，相关 js 脚本文件放置在 D:\root\Boao\js 文件夹中，请在本书教学资源相应项目源文件中查看。

```
<head>
<meta http-equiv="Content-Type" content="text/html; charset=utf-8" />
<title>博鳌网</title>
<link href="css/style3.css" rel="stylesheet" type="text/css" />
<script type="text/JavaScript" src="js/jquery-1.4.min.js"></script>
<script type="text/JavaScript" src="js/jquery.easing.1.3.js"></script>
<script type="text/JavaScript" src="js/jquery.galleryview-1.1.js"></script>
```

```
<script type="text/JavaScript" src="js/jquery.timers-1.1.2.js"></script>
<script type="text/JavaScript">
$(document).ready(function(){
    $('#photos').galleryView({
        panel_width: 425,
        panel_height: 230,
        frame_width: 50,
        frame_height: 50
    });
});
</script>
</head>
```

图片浏览和新闻列表整体结构如下所示：

```
<!–新闻图片浏览及新闻信息开始-->
  <div class="box">
    <div class="left"> </div><!–放置图片-->
    <div class="right"> </div><!–新闻列表-->
    <div class="clear"></div>
  </div>
<!--新闻图片浏览及新闻信息结束-->
```

（2）图片浏览 HTML 结构具体实现代码如下所示：

```
<!–新闻图片浏览及新闻信息开始-->
<div class="box">
<!--图片浏览开始-->
 <div class="left">
  <div id="photos" class="galleryview">
   <div class="panel"> <img src="images/index_img/01.jpg" />
    <div class="panel-overlay">
      <h2>博鳌亚洲论坛</h2>
      <p><a href="#" target="_blank">博鳌亚洲论坛研究院副院长：全球化发展趋
势不可逆转</a></p>
    </div>
   </div>
   <div class="panel"> <img src="images/index_img/02.jpg" />
    <div class="panel-overlay">
      <h2>一带一路</h2>
      <p><a href="" target="_blank">马西莫夫："一带一路"将成为 21 世纪最宏大
的计划之一[哈通社]</a></p>
    </div>
```

```
      </div>
      <div class="panel"> <img src="images/index_img/03.jpg" />
        <div class="panel-overlay">
          <h2>一带一路</h2>
          <p><a href="" target="_blank">中国第一本以"一带一路"为主题的外文期刊
《丝路瞭望》创刊</a></p>
        </div>
      </div>
      <div class="panel"> <img src="images/index_img/04.jpg" />
        <div class="panel-overlay">
          <h2>墨尔本会议</h2>
          <p><a href="" target="_blank">世界越小，市场越大，是为全球化最大的魅力
</a></p>
        </div>
      </div>
      <div class="panel"> <img src="images/index_img/06.jpg" />
        <div class="panel-overlay">
          <h2>博鳌亚洲论坛</h2>
          <p><a href="" target="_blank">博鳌亚洲论坛副理事长等人在博鳌亚洲论坛
</a></p>
        </div>
      </div>
      <div class="panel"> <img src="images/index_img/05.jpg" />
        <div class="panel-overlay">
          <h2>博鳌亚洲论坛</h2>
          <p><a href="" target="_blank">探索变革中的机遇与挑战——博鳌亚洲论……
</a></p>
        </div>
      </div>
      <div class="panel"> <img src="images/index_img/07.jpg" />
        <div class="panel-overlay">
          <h2>博鳌亚洲论坛</h2>
          <p><a href="" target="_blank">"2017 博鳌亚洲论坛发展峰会（澳门）"主办
机构举行签约仪式 </a></p>
        </div>
      </div>
      <div class="panel"> <img src="images/index_img/08.jpg" />
        <div class="panel-overlay">
          <h2>博鳌亚洲论坛</h2>
```

```
            <p><a href="" target="_blank">×××将出席博鳌亚洲论坛 出席本届年会领
导人规模将超历届</a></p>
        </div>
    </div>
    <ul class="filmstrip">
        <li><img src="images/index_img/frame-01.jpg" alt="博鳌亚洲论坛"
title="" /></li>
        <li><img src="images/index_img/frame-02.jpg" alt="一带一路"
title="" /></li>
        <li><img src="images/index_img/frame-03.jpg" alt="一带一路"
title="" /></li>
        <li><img src="images/index_img/frame-04.jpg" alt="墨尔本会议"
title="" /></li>
        <li><img src="images/index_img/frame-06.jpg" alt="博鳌亚洲论坛"
title="" /></li>
        <li><img src="images/index_img/frame-05.jpg" alt="博鳌亚洲论坛"
title="" /></li>
        <li><img src="images/index_img/frame-07.jpg" alt="博鳌亚洲论坛"
title="" /></li>
        <li><img src="images/index_img/frame-08.jpg" alt="博鳌亚洲论坛"
title="" /></li>
    </ul>
    </div>
</div>
<!—图片浏览结束—>
<div class="right"></div>
<div class="clear"></div>
</div>
<!--新闻图片浏览及新闻信息结束-->
```

（3）新闻列表部分 HTML 结构具体实现代码如下所示：

```
<!--新闻图片浏览及新闻信息开始-->
<div class="box">
<div class="left"> </div><!—图片浏览 HTML 结构省略-->
<!--新闻列表开始-->
<div class="right">
 <div class="sub_box">
   <div class="title">
     <ul>
```

```
        <li><span><a target="_blank" href="news_list.html"> 新 闻 </a>
</span><a target="_blank" href="#">more</a></li>
        </ul>
        </div>
        <div class="news_list" >
        <ul>
        <li><span><a href="#">博鳌亚洲论坛研究院副院长：全球化发展趋势不可逆转
</a></span>2015-03-08</li>
        <li><span><a href="#">马西莫夫："一带一路"将成为 21 世纪最宏大的计划之
一[哈通社]</a></span>2015-03-08</li>
        <li><span><a href="#">中国第一本以"一带一路"为主题的外文期刊《丝路瞭望》
创刊</a></span>2015-03-08</li>
        <li><span><a href="#">世界越小，市场越大，是为全球化最大的魅力【墨尔本会
议】</a></span>2015-03-08</li>
        <li><span><a href="#">博鳌亚洲论坛副理事长等人在博鳌亚洲论坛...</a>
</span>2015-03-08</li>
        <li><span><a href="#">探索变革中的机遇与挑战——博鳌亚洲论坛新年首场会
员活动聚焦全球经济</a></span>2015-03-08</li>
        <li><span><a href="#">"2017 博鳌亚洲论坛发展峰会（澳门）"主办机构举行
签约仪式 </a></span>2015-03-08</li>
        <li><span><a href="#">×××将出席博鳌亚洲论坛 出席本届年会领导人规模将
超历届</a></span>2015-03-08</li>
        </ul>
        <div class="clear"></div>
        </div>
        </div>
        </div>
        <!--新闻列表结束-->
        <div class="clear"></div>
        </div>
        <!--新闻图片浏览及新闻信息结束-->
```

（4）测试预览效果，按"F12"快捷键，效果如图 5-9 所示。

从图 5-9 可以看出，图片浏览部分虽然能够正常显示，但存在不规则的问题，前面引入的 js 文件中也包含一些 CSS 样式代码，具体代码请查看本节源代码。

图 5-9　未添加 CSS 样式时图片浏览及新闻列表预览图

2. 设置 CSS 样式

（1）在 style.css 中定义图片浏览部分的样式代码，具体如下：

```
/*图片浏览部分开始*/
.left {
    width:425px;
    float:left;
    padding-top:10px;
    }
#photos {
    visibility: hidden;
    }
.galleryview {
    background: rgb(221, 221, 221);
    padding: 0px;
    border: 0px solid rgb(170, 170, 170);
    border-image: none;
    box-shadow: 6px 6px 5px #ccc;
    }
.loader {
    background: url("loader.gif") no-repeat center rgb(221, 221, 221);
    }
.panel img{
```

```
    width:600px;
    }
.panel .panel-overlay {
    padding: 0px 1em;
    height: 60px;
    }
.panel .overlay-background {
    padding: 0px 1em;
    height: 60px;
    }
.panel .overlay-background {
    background: rgb(34, 34, 34);
    }
.panel .panel-overlay {
    color: white;
    font-size: 0.7em;
    }
.panel .panel-overlay a {
    color: white;
    text-decoration: underline;
    }
.filmstrip {
    margin: 5px;
    }
.frame .img_wrap {
    border: 0px solid rgb(170, 170, 170);
    border-image: none;
    }
.frame.current .img_wrap {
    border-color: rgb(0, 0, 0);
    }
.frame img {
    border: currentColor;
    border-image: none;
    }
.frame .caption {
    text-align: center;
    color: rgb(136, 136, 136);
    font-size: 11px;}
```

```
.frame.current .caption {
    color: rgb(0, 0, 0);
    }
.pointer {
    border-color: rgb(0, 0, 0);
    }
.filmstrip img{
    width:50px;
    height:50px;
    }
/*图片浏览部分结束*/
```

（2）测试预览效果，按"F12"快捷键，效果如图 5-10 所示。

图 5-10　图片浏览部分预览图（线框部分）

（3）在 style.css 中进一步定义新闻列表的样式代码，具体如下：

```
/*新闻列表开始*/
.right {
    width:560px;
    float:right;
    padding-top:10px;
    }
.sub_box {
    margin-top:5px;
    clear:both;
    }
.title {
    height:30px;
```

```css
        border-bottom:1px #197395 solid;
        }
.title ul li {
        line-height:30px;
        text-align:right;
        }
.title ul li  a:link,.title ul li  a:visited {
        font-size:14px;
        font-weight:bold;
        color:#8c8c8c;
        text-decoration:none;
        }
.title ul li  a:hover {
        font-size:14px;
        font-weight:bold;
        color:#fda701;
        text-decoration:none;
        }
.title ul li span {
        float:left;
        }
.title ul li span a:link,
.title ul li span a:visited {
        font-size:16px;
        color:#000;
        font-family:"Arial Black", Gadget, sans-serif,"微软雅黑";
        }
.title ul li span a:hover {
        font-size:16px;
        color:#fda701;
        font-family:"Arial Black", Gadget, sans-serif,"微软雅黑";
        }
.news_list {
        margin:0px;
        }
.news_list ul li {
        border-bottom:1px #ececec dashed;
        background:url(../images/index_img/list_dot.jpg);
        background-position:left;
```

```
        background-repeat:no-repeat;
        padding:5px 0px 5px 10px;
        text-align:right;
        font-size:12px;
        color:#7a7a7a;
        clear:both;
        }
.news_list ul li span {
        float:left;
        }
.news_list ul li span a:link,
.news_list ul li span a:visited {
        font-size:13px;
        color:#000;
        font-weight: normal;
        text-decoration:none;
        }
.news_list ul li span a:hover {
        font-size:13px;
        color:#fda701;
        font-weight:normal;
        text-decoration: none;
        }
/*新闻列表结束*/
```

（4）测试预览效果，按"F12"快捷键，效果如图 5-11 所示。

图 5-11　新闻列表预览图（线框部分）

任务总结

1. 掌握 jQuery 实现图片滚动；

2. 学会实现新闻栏的制作。

任务 5-4　房产、教育等信息栏具体实现

任务目标

- 展示各信息栏列表；
- 实现图文混排显示。

模块知识点

- 熟练应用列表标记；
- 掌握 CSS 控制背景、超链接、列表样式等语法。

明确任务

本任务主要是完成博鳌网站首页的各分类信息模块的列表显示。从构建 HTML 结构到设置 CSS 样式，最终完成的效果如图 5-12 所示（以房产和教育模块为例）。

图 5-12　房产和教育分类信息模块的效果图（线框部分）

任务解析

根据效果图可以看出，本任务主要由三部分构成：第一部分是图片展示，第二部分是房产分类信息列表，第三部分是教育分类信息列表。在图 5-12 中线框部分在整个网页中与其他各分类信息模块的 HTML 和 CSS 是一致的，因此其他模块的具体实现则不再赘述。

任务实现

1. 构建 HTML 结构

（1）图片展示 HTML 结构具体实现代码如下所示：

```
<div class="box mar_top"><img src="images/index_img/banner05.jpg"/></div>
```

（2）房产和教育分类信息整体结构如下所示：

```
<!--房产和教育信息列表开始-->
  <div class="box">
    <div class="left"> </div><!--房产分类信息列表-->
    <div class="right"> </div><!--教育分类信息列表-->
    <div class="clear"></div>
</div>
<!--房产和教育信息列表结束-->
```

（3）房产分类信息列表 HTML 结构具体实现代码如下所示：

```
  <!--房产信息列表开始-->
  <div class="left">
  <div class="sub_box">
    <div class="title">
      <ul>
        <li><span><a href="#">房产</a></span><a href="#">more</a></li>
      </ul>
    </div>
    <div class="pho_info">
      <div class="pho_info_left"><a href="#"><img src="images/houseproperty_img/
phoad01.jpg" width="100" height="100" /></a></div>
        <div class="pho_info_right">
        <ul>
          <li><span><a href="#">半山半岛</a></span></li>
          <li>半山半岛位于三亚市小东海鹿回头半岛，整个半岛由鹿回头公园、鹿回头岭两
山和小东海、鹿回头湾两湾组成，是三亚市西至海坡，东至亚龙湾的五十余公里海岸线中一个待开发的
半岛....</li>
        </ul>
      </div>
      <div class="clear"></div>
    </div>
    <div class="pho_info">
      <div class="pho_info_left"><a href="#"><img src="images/houseproperty_img/
phoad02.jpg" width="100" height="100" /></a></div>
```

```html
    <div class="pho_info_right">
      <ul>
        <li><span><a href="#">国兴北岸江山</a></span></li>
        <li>碧桂园美浪湾地处 "海口后花园" 之称的澄迈县大丰镇高速路口 2 公里处，前
据海口，背靠澄迈，近望福山。碧桂园美浪湾融合了碧桂园 23 年旅游度假地产经验，打造成为集休闲度
假、养生居住、娱乐购物....</li>
      </ul>
    </div>
    <div class="clear"></div>
  </div>
  </div>
</div>
<!--房产信息列表结束-->
```

（4）教育分类信息列表 HTML 结构具体实现代码如下：

```html
<!--------教育信息列表开始------>
<div class="right">
  <div class="sub_box">
  <div class="title">
    <ul>
      <li><span><a target="_blank" href="news_list.html">教育</a></span>
<a target="_blank" href="#">more</a></li>
    </ul>
  </div>
  <div class="infoshows">
    <ul>
      <li><img src="images/education_img/s_pho01.jpg" width="112" height=
"82" /></li>
      <li><a href="#">"补脑班" 抢占市场</a></li>
    </ul>
    <ul>
      <li><img src="images/education_img/s_pho02.jpg" width="112" height=
"82" /></li>
      <li><a href="#">"情商培训" 受追捧</a></li>
    </ul>
    <ul>
      <li><img src="images/education_img/s_pho03.jpg" width="112" height
="82" /></li>
      <li><a href="#">七成学生涌入辅导班</a></li>
    </ul>
    <ul>
```

```
        <li><img src="images/education_img/s_pho04.jpg" width="112" height=
"82" /></li>
        <li><a href="#">广东学生"体育作业"</a></li>
    </ul>
    <div class="clear"></div>
</div>
<div class="clear"></div>
<div class="news_list" >
    <ul>
        <li><span><a href="#">牛津大学遭 16 年前印度毕业生状告教学"差劲",被要
求答辩</a></span>2015-03-08</li>
        <li><span><a href="#">河南周口一希望小学奖励满分学生:敲锣打鼓把猪后臀送
到家</a></span>2015-03-08</li>
        <li><span><a href="#">诺奖得主弗雷泽回天大拜年 来天大任教是最好的决定
</a></span>2015-03-08</li>
        <li><span><a href="#">多地取消省级优秀学生保送 高考加分等政策收紧
</a></span>2015-03-08</li>
    </ul>
    <div class="clear"></div>
    </div>
</div>
</div>
<!--------教育信息列表结束------>
```

（5）测试预览效果，按"F12"快捷键，效果如图 5-13 所示。

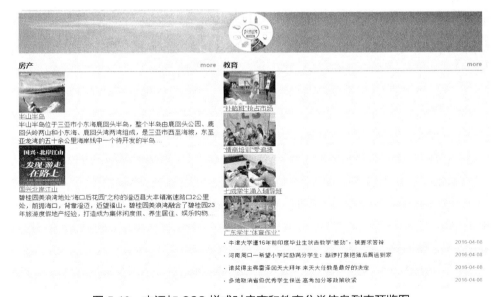

图 5-13　未添加 CSS 样式时房产和教育分类信息列表预览图

2. 设置 CSS 样式

（1）在 style.css 中定义各模块分类信息列表的样式代码，具体如下。

```css
/*各模块分类信息列表样式*/
    /*左侧各模块分类信息列表*/
.pho_info {
    clear:both;
    border-bottom:1px #CCC dashed;
    padding:5px 5px 5px 0px;
    }
.pho_info_left {
    float:left;
    border:1px solid #CCC;
    width:100px;
    height:100px;
    padding:5px;
    }
.pho_info_right {
    width:285px;
    float:left;
    padding:0px 0px 5px 10px;
    }
.pho_info_right ul li   {
    font-size:12px;
    color:#7a7a7a;
    font-weight:normal;
    line-height:22px;
    }
.pho_info_right ul li span a:link,.pho_info_right ul li span a:visited {
    font-size:12px;
    color:#015ebe;
    font-weight: normal;
    text-decoration:none;
    font-weight:bold;
    }
.pho_info_right ul li span a:hover {
    font-size:12px;
    color:#fda701;
    font-weight:normal;
    text-decoration: underline;
```

```
        font-weight:bold;
    }
    /*右侧各模块分类信息列表*/
.infoshows {
    margin:10px 0px 10px 0px;
    }
.infoshows ul {
    float:left;
    margin-left:22px;
    }
.infoshows ul li {
    text-align:center;
    line-height:25px;
    }
.infoshows ul li a:link,.infoshows ul li a:visited {
    font-size:12px;
    color:#06C;
    text-decoration:none;
    font-weight:normal;
    }
.infoshows ul li a:hover {
    font-size:12px;
    color:#F00;
    text-decoration:underline;
    font-weight:normal;
    }
```

（2）测试预览效果，按"F12"快捷键，效果如图 5-14 所示。

图 5-14 添加 CSS 样式后图片展示、房产及教育分类信息列表预览图

其他分类模块完成 HTML 结构后最终预览效果如图 5-15 所示。

图 5-15　各分类信息列表完成后效果图

任务总结

1. 根据房产、教育等多个模块设计给出 DIV 结构代码；
2. 学会图文排版方式。

任务 5-5　实现页脚及 W3C 验证

任务目标

- 展示页脚信息列表；
- 实现客户端渲染，提高网站浏览性能；
- 网站 W3C 验证。

模块知识点

- 熟练应用列表标记；
- 掌握客户端渲染及服务器端渲染概念；
- 掌握 W3C 验证方法。

明确任务

本任务主要是完成博鳌网站首页页脚信息列表显示、客户端渲染（页面头部、导航以及页脚 HTML 结构）、网站首页 W3C 验证。从构建 HTML 结构到设置 CSS 样式，页脚最终完成的效果如图 5-16 所示。

图 5-16　页脚列表预览效果

任务解析

本任务主要由三部分构成：第一部分是具体实现页脚 HTML 结构和 CSS；第二部分应用 JavaScript 写入相应的 HTML 结构的方式实现页脚，并了解客户端渲染的选择和应用场景；第三部分是进行 W3C 验证。

任务实现

1. 构建页脚 HTML 结构

（1）页脚信息整体结构如下所示：

```html
<!------------------------页脚----------------------->
<div class="foot mar_top">
  <div class="box">
    <div class="foot_info">
      <ul>
        <li><a href="#">关于我们</a></li>
        <li><a href="#">市场简介</a></li>
        <li><a href="#">市场动态</a></li>
        <li><a href="#">线下活动</a></li>
      </ul>
      <ul>
        <li><a href="#">新手指南</a></li>
        <li><a href="#">注册新用户</a></li>
        <li><a href="#">雇主入门</a></li>
        <li><a href="#">规则中心</a></li>
      </ul>
      <ul>
        <li><a href="#">服务保障</a></li>
        <li><a href="#">服务流程</a></li>
        <li><a href="#">服务反馈</a></li>
        <li><a href="#">服务监管</a></li>
      </ul>
      <ul>
        <li><a href="#">合作伙伴</a></li>
        <li><a href="#">服务商入驻</a></li>
        <li><a href="#">服务商入驻流程</a></li>
        <li><a href="#">商家管理规范</a></li>
      </ul>
      <ul>
        <li><a href="#">帮助中心</a></li>
        <li><a href="#">常见问题</a></li>
        <li><a href="#">运维服务</a></li>
        <li><a href="#">管理规范</a></li>
      </ul>
```

```
    </div>
    <div class="clear"></div>
  </div>
</div>
<div class="box copyright">Copyright 2004-2017 xxxx.com 版权所有 </div>
```

（2）测试预览效果，按"F12"快捷键，效果如图 5-17 所示。

关于我们
市场简介
市场动态
线下活动
新手指南
注册新用户
商家入门
规则中心
服务保障
服务流程
服务反馈
服务监督
合作伙伴
服务商入驻
服务商入驻流程
商家管理规范
帮助中心
常见问题
运维服务
管理规范
Copyright 2005-2017 xxxx.com 版权所有

图 5-17　未添加 CSS 样式时页脚列表预览图

2. 设置 CSS 样式

（1）在 style.css 中定义页脚列表的样式代码，具体如下：

```
/*页脚列表*/
.foot {
    padding:10px 0px 10px 0px;
    background-color: #505050;
    }
.foot_info ul {
    float:left;
    margin-top:10px;
    margin-left:115px;
    }
.foot_info ul li a:link,.foot_info ul li a:visited {
    font-size:12px;
    color:#CCC;
    font-weight:normal;
    text-decoration:none;
    }
.foot_info ul li a:hover{
    font-size:12px;
    color: #FFF;
    font-weight:normal;
```

251

```
    text-decoration:underline;
    }
.copyright {
    padding:10px;
    text-align:center;
    color:#999;
}
```

（2）测试预览效果，按"F12"快捷键，效果如图 5-18 所示。

Copyright 2005-2017 xxx.com 版权所有

图 5-18　添加 CSS 样式后页脚列表预览图

3．客户端渲染

在这里介绍一种应用 JavaScript 写入 HTML 的方式实现页脚。这种方式在用户请求量大的时候能降低服务器端的压力，页面中相应的内容由客户端（浏览器）进行加载完成。创建 foot.js 文件并存放到 js 文件夹中，具体代码如下：

```
// JavaScript Document
document.writeln("<div class=\"foot mar_top\">");
document.writeln("  <div class=\"box\">");
document.writeln("    <div class=\"foot_info\">");
document.writeln("      <ul>");
document.writeln("        <li><a href=\"#\">关于我们</a></li>");
document.writeln("        <li><a href=\"#\">市场简介</a></li>");
document.writeln("        <li><a href=\"#\">市场动态</a></li>");
document.writeln("        <li><a href=\"#\">线下活动</a></li>");
document.writeln("      </ul>");
document.writeln("      <ul>");
document.writeln("        <li><a href=\"#\">新手指南</a></li>");
document.writeln("        <li><a href=\"#\">注册新用户</a></li>");
document.writeln("        <li><a href=\"#\">雇主 入门</a></li>");
document.writeln("        <li><a href=\"#\">规则中心</a></li>");
document.writeln("      </ul>");
document.writeln("      <ul>");
document.writeln("        <li><a href=\"#\">服务保障</a></li>");
document.writeln("        <li><a href=\"#\">服务流程</a></li>");
document.writeln("        <li><a href=\"#\">服务反馈</a></li>");
document.writeln("        <li><a href=\"#\">服务监管</a></li>");
```

```
document.writeln("      </ul>");
document.writeln("      <ul>");
document.writeln("        <li><a href=\"#\">合作伙伴</a></li>");
document.writeln("        <li><a href=\"#\">服务商入驻</a></li>");
document.writeln("        <li><a href=\"#\">服务商入驻流程</a></li>");
document.writeln("        <li><a href=\"#\">商家管理规范</a></li>");
document.writeln("      </ul>");
document.writeln("      <ul>");
document.writeln("        <li><a href=\"#\">帮助中心</a></li>");
document.writeln("        <li><a href=\"#\">常见问题</a></li>");
document.writeln("        <li><a href=\"#\">运维服务</a></li>");
document.writeln("        <li><a href=\"#\">管理规范</a></li>");
document.writeln("      </ul>");
document.writeln("    </div>");
document.writeln("    <div class=\"clear\"></div>");
document.writeln("  </div>");
document.writeln("</div>");
document.writeln("<div class=\"box copyright\">Copyright 2004-2017 xxxx.
com 版权所有 </div>");
```

代码编写完成后,在页面 HTML 页脚位置加入如下代码:

```
<script src="js/foot.js" type="text/JavaScript"></script>
```

同理,如果我们网站的几个页面(首页、列表页以及详情页)中都有相同的 HTML 结构部分,即页面头部和底部,并且这些部分存在数据更新,我们就可以使用 JavaScript 异步更新数据并在浏览器端完成相应的 HTML 结构加载。

为加强理解和应用,我们这里将博鳌网站首页的 Logo 和用户注册部分、Banner 部分、导航部分均采用这种方式实现。

Logo 和用户注册 login.js:

```
document.writeln("<div class=\"box\">");
document.writeln("<div class=\"Logo\" style=\"float:left;\"><img src=\"
images/index_img/Logo.jpg\" width=\"158\" height=\"39\" /></div>");
document.writeln("<div class=\"login\">");
document.writeln("    <ul>");
document.writeln("        <li><span>会员登录</span></li>");
document.writeln("        <li>账号: <input style=\"width:60px;\" name=\"\"
type=\"text\" /></li>");
document.writeln("        <li>密码: <input style=\"width:60px;\" name=\"\"
type=\"text\" /></li>");
document.writeln("        <li><a href=\"#\">注册</a></li>");
document.writeln("        <li><a href=\"#\">登录</a></li>");
```

```
document.writeln("       </ul>");
document.writeln("       <div class=\"clear\"></div>");
document.writeln("  </div>");
document.writeln(" <div class=\"clear\"></div>");
document.writeln("</div>");
```

Banner 部分 top.js：

```
document.writeln("<div class=\"top\">");
document.writeln("   <div class=\"box\"><img src=\"images/index_img/top.
jpg\" width=\"1000\" height=\"150\" /></div>");
document.writeln("</div>");
```

导航部分 nav.js：

```
document.writeln("<div class=\"nav_bg\">");
document.writeln("  <div class=\"nav\">");
document.writeln("     <ul>");
document.writeln("        <li><a href=\"#\">首页</a></li>");
document.writeln("        <li><a href=\"#\">新闻</a></li>");
document.writeln("        <li><a href=\"#\">教育</a></li>");
document.writeln("        <li><a href=\"#\">人才</a></li>");
document.writeln("        <li><a href=\"#\">企业</a></li>");
document.writeln("        <li><a href=\"#\">房产</a></li>");
document.writeln("        <li><a href=\"#\">家居</a></li>");
document.writeln("        <li><a href=\"#\">旅游</a></li>");
document.writeln("        <li><a href=\"#\">酒店</a></li>");
document.writeln("        <li><a href=\"#\">美食</a></li>");
document.writeln("     </ul>");
document.writeln("     <div class=\"clear\"></div>");
document.writeln("</div>");
document.writeln("<div class=\"clear\"></div>");
document.writeln("</div>");
```

将以上 login.js、top.js 和 nav.js 添加到 body 相应的位置（先将原先直接编写的 HTML
删除），具体如下：

```
<!------网站 Logo 和用户登录注册------>
<script src="js/login.js" type="text/JavaScript"></script>
<!--------banner-------->
<script src="js/top.js" type="text/JavaScript"></script>
<!------导航------>
<script src="js/nav.js" type="text/JavaScript"></script>
```

4. W3C 验证

Web 标准测试需要测试 HTML 结构和 CSS 样式。Web 标准测试有两种方法：一种是利用浏览器直接验证，例如，火狐浏览器；另一种是把文件上传到 W3C 提供的测试网址（验证 HTML 结构网站：http://validator.w3.org/，验证 CSS 样式网站：http://jigsaw.w3.org/css-validator/）上进行测试。

HTML 结构验证步骤如下：

STEP 1 打开浏览器，输入 HTML 结构检测网址，打开如图 5-19 所示界面。

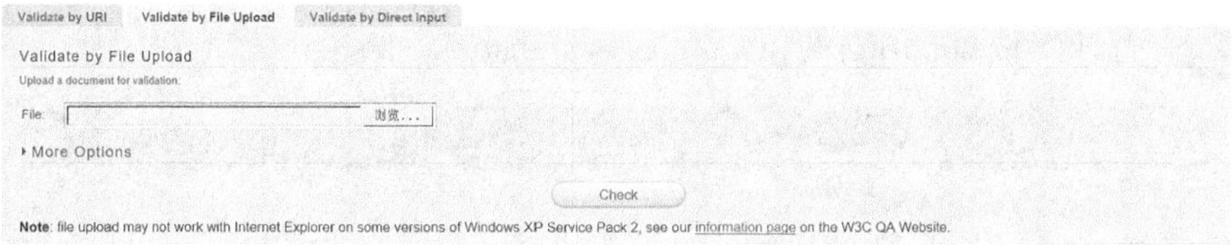

图 5-19 选择"上传文件验证"

STEP 2 上传 HTML 文档，单击"Check"，检测结果如图 5-20 所示。

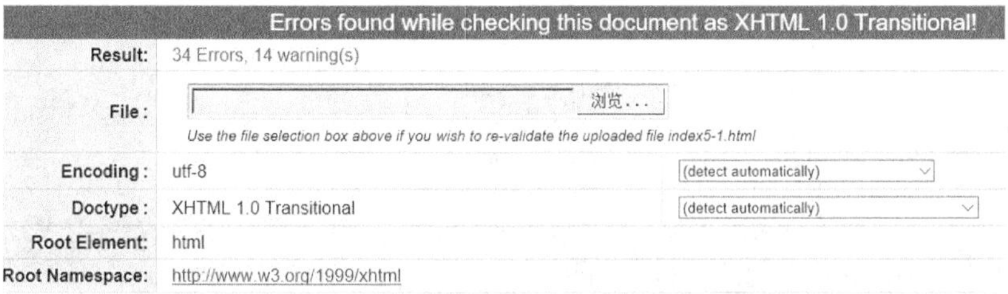

图 5-20 检测结果图

根据验证图可知有多处错误和警告，在验证页中往下滑动，给出了相关具体描述，主要错误和警告类型如图 5-21 至图 5-23 所示。

图 5-21 警告提示图

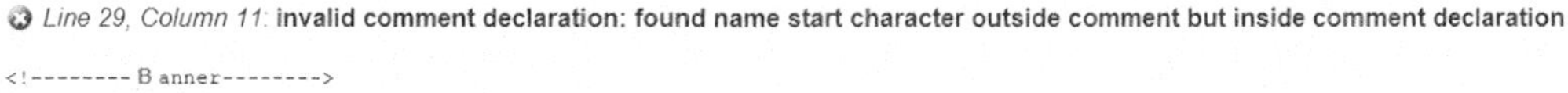

图 5-22 错误提示图

图 5-23 <img>标签错误提示图

根据以上错误类型进行改进并再次上传验证，结果如图 5-24 所示。

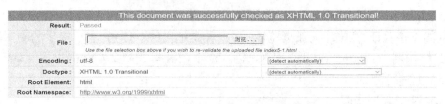

图 5-24　修改错误代码后验证结果图

CSS 样式验证（利用 W3C 提供的验证网站验证）步骤如下：

STEP 1　打开网站 http://jigsaw.w3.org/css-validator/，如图 5-25 所示。

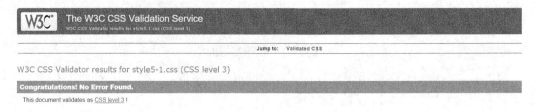

图 5-25　验证网站图

STEP 2　单击第二个选项卡"通过文件上传"，上传需要验证的 CSS 文件，单击"Check"按钮，测试的结果如图 5-26 所示。

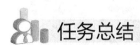

图 5-26　CSS 验证结果图

从检测结果来看，没有错误，验证通过。

任务总结

1. 掌握应用列表标记；
2. 掌握 W3C 验证方法。

任务 5–6　列表页具体实现

任务目标

● 展示某分类信息列表。

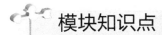 模块知识点

- 熟练应用列表标记；
- 掌握 CSS 控制背景、超链接、列表样式等语法。

明确任务

本任务主要是完成博鳌网站列表页。从构建 HTML 结构到设置 CSS 样式，最终完成的效果如图 5-27 所示（以新闻模块为例）。

图 5-27　新闻列表页效果图

任务解析

根据效果图可以看出，本任务主要由两部分构成：第一部分是页面顶部的用户登录注册、Banner、导航以及页脚，这部分在任务 5-5 中已经介绍过，因为在首页、列表页以及详情页中都是一致的，所以采用 JavaScript 方式写入 HTML 结构，页面访问量大时可有效降低服务器的处理负荷，提高服务器端处理能力；第二部分是信息列表部分。

任务实现

1. 构建 HTML 结构

（1）列表页 HTML 结构具体实现代码如下：

```html
<body>
<!-- 网站 Logo 和用户登录注册 -->
<script src="js/login.js" type="text/JavaScript"></script>
<!-- Banner -->
<script src="js/top.js" type="text/JavaScript"></script>
<!-- 导航 -->
<script src="js/nav.js" type="text/JavaScript"></script>
<!-- 新闻列表 -->
<div class="box">
  <div class="title mar_top">
    <ul>
      <li><span><a target="_blank" href="news_list.html">新闻</a></span></li>
    </ul>
  </div>
  <div class="news_list" >
    <ul>
      <li><span><a href="#">博鳌亚洲论坛研究院副院长：全球化发展趋势不可逆转</a></span>2015-03-08</li>
      <li><span><a href="#">马西莫夫："一带一路"将成为 21 世纪最宏大的计划之一 [哈通社]</a></span>2015-03-08</li>
      <li><span><a href="#">中国第一本以"一带一路"为主题的外文期刊《丝路瞭望》创刊</a></span>2015-03-08</li>
      <li><span><a href="#">世界越小，市场越大，是为全球化最大的魅力【墨尔本会议】</a></span>2015-03-08</li>
      <li><span><a href="#">博鳌亚洲论坛副理事长等人在博鳌亚洲论坛 "...</a></span>2015-03-08</li>
      <li><span><a href="#">探索变革中的机遇与挑战——博鳌亚洲论坛新年首场会员活动聚焦全球经济</a></span>2015-03-08</li>
      <li><span><a href="#">"2017 博鳌亚洲论坛发展峰会（澳门）"主办机构举行签约仪式 </a></span>2015-03-08</li>
      <li><span><a href="#">×××出席香港第十届亚洲金融论坛 </a></span>2015-03-08</li>
      <li><span><a href="#">×××将出席博鳌亚洲论坛 出席本届年会领导人规模将超历
```

```
届</a></span>2015-03-08</li>
        <li><span><a href="#">博鳌亚洲论坛研究院副院长：全球化发展趋势不可逆转
</a></span>2015-03-08</li>
        <li><span><a href="#">马西莫夫："一带一路"将成为21世纪最宏大的计划之一[哈
通社]</a></span>2015-03-08</li>
        <li><span><a href="#">中国第一本以"一带一路"为主题的外文期刊《丝路瞭望》创
刊</a></span>2015-03-08</li>
        <li><span><a href="#">世界越小，市场越大，是为全球化最大的魅力【墨尔本会议】
</a></span>2015-03-08</li>
        <li><span><a href="#">博鳌亚洲论坛副理事长等人在博鳌亚洲论坛"..."</a>
</span>2015-03-08</li>
        <li><span><a href="#">探索变革中的机遇与挑战——博鳌亚洲论坛新年首场会员活
动聚焦全球经济</a></span>2015-03-08</li>
        <li><span><a href="#">"2017博鳌亚洲论坛发展峰会（澳门）"主办机构举行签约
仪式 </a></span>2015-03-08</li>
        <li><span><a href="#">×××出席香港第十届亚洲金融论坛 </a></span>
2015-03-08</li>
        <li><span><a href="#">×××将出席博鳌亚洲论坛 出席本届年会领导人规模将超历
届</a></span>2015-03-08</li>
        </ul>
        <div class="clear"></div>
    </div>
    <div class="mar_top page">
        <ul>
        <li><a href="#">首页</a> | <a href="#">上一页</a> | <a href="#">下一
页</a> | <a href="#">尾页</a> |  跳到第
            <input style="width:30px;" name="" type="text" />
            页 | 当前第<span class="red">3</span>页 | 共100页</li>
        </ul>
    </div>
</div>
<!-- 页脚 -->
<script src="js/foot.js" type="text/JavaScript"></script>
</body>
```

（2）测试预览效果，按"F12"快捷键，效果如图5-28所示。

图 5-28　未添加 CSS 样式时新闻信息列表预览图

2. 设置 CSS 样式

（1）在 style.css 中定义分页、页码的样式代码，新闻列表部分的 CSS 在首页设计实现过程中已经定义，在这里应用相同的 CSS 样式。分页、页码 CSS 代码具体如下：

```
/*列表页————————————分页页码*/
.page {
    padding:20px;
    }
.page ul li {
    text-align:left;
    color:#999;
    }
.page ul li a:link,.page ul li a:visited {
    font-size:12px;
    color:#999;
    font-weight:normal;
    text-decoration:none;
    }
.page ul li a:hover{
    font-size:12px;
    color: #F00;
    font-weight:normal;
    text-decoration:underline;
```

```
    }
.red{
    color:red
    }
```

（2）测试预览效果，按"F12"快捷键，效果如图 5-29 所示。

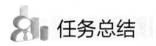

图 5-29 添加 CSS 样式后新闻信息列表预览图

任务总结

1. 根据框架给出 DIV 结构代码；
2. 掌握新闻列表实现方式。

任务 5-7 网站详情页具体实现

任务目标

● 实现列表链接新闻详情页。

模块知识点

● 熟练操作超链接、列表标记；
● 掌握 CSS 控制文字、超链接、列表样式等语法。

明确任务

本任务主要是完成博鳌网站新闻详情页制作。从构建 HTML 结构到设置 CSS 样式，最终完成的效果如图 5-30 所示。

图 5-30　博鳌网站新闻详情页效果图

任务解析

根据效果图可以看出，整体页面划分为三部分：第一部分是网站头部，包括 Logo 和用户登录注册、Banner、导航；第二部分是中间部分，包括标题、新闻内容；第三部分是脚注部分。网站风格统一，其中头部和脚注由嵌入 JavaScript 脚本实现，在前面章节已经实现，这里不再累赘。

任务实现

1. 构建 HTML 结构

（1）构建中间部分标题和新闻内容，以列表结构实现 HTML 构建，具体如下：

```
<body>
<div class="box">
 <div class="news">
  <div>
  <ul>
    <li class="news_tit">马西莫夫："一带一路"将成为 21 世纪最宏大的计划之一</li>
    <li class="news_sub_tit">时间：2015-04-25　来源：博鳌亚洲论坛</li>
```

```
<li class="news_tch_tit">
```

哈通社阿斯塔纳 5 月 25 日电（记者马尔兰•吉耶姆拜）阿斯塔纳经济论坛框架下的"丝绸之路国家峰会：能源、资源与可持续发展"会议，25 日在阿斯塔纳开幕。

总理马西莫夫出席会议开幕仪式并发表演讲。`<br /><br />`

马西莫夫表示，"一带一路"将成为 21 世纪最宏大的计划之一。`<br />`
`<br />`

"丝绸之路不仅仅将会带来贸易的繁荣，它还将为最新的科研成果、经验和教育文化交流提供巨大的便利，为欧亚大陆的广泛交流和更加稳定和谐的社会环境，创造良好的基础。近十年的经验告诉我们，亚洲国家进一步加强同欧洲和美国之间的联系，是非常必要的。"马西莫夫说。`<br /><br />`

发言中，马西莫夫重点强调了 2012 年，×××在访问哈萨克斯坦并于纳扎尔巴耶夫大学进行的演讲中，所提出的"一带一路"计划在政治、经济、交通、投资等领域的重要意义。`<br /><br />`

"纳扎尔巴耶夫总统对这一计划极为支持，我国也立即投入到了这一计划的建设当中。我认为，'一带一路'将成为 21 世纪最为宏大的计划之一。这一计划，将全世界四分之三的人口囊括其中，并将之联系在一起。它将建立起与过去完全不同的交流体系，并为各国发展提供巨大的助力。"马西莫夫说。（编译：塔尔）`<br /><br />`

哈萨克斯坦总理表示"一带一路"建设将助推中亚国家经济发展`<br /><br />`

新华社阿拉木图 5 月 25 日电（记者周良 苗壮）哈萨克斯坦总理马西莫夫 25 日在哈首都阿斯塔纳表示，"一带一路"建设将助推包括哈萨克斯坦在内的中亚国家经济发展。`<br /><br />`

```
        </li>
      </ul>
    </div>
  </div>
</div>
</body>
```

（2）测试预览效果，按"F12"快捷键，效果如图 5-31 所示。

图 5-31 未添加 CSS 样式时新闻详情页预览图

2. 设置 CSS 样式

（1）在 style.css 中定义相关元素样式代码，本任务完整定义代码如下：

```
/* ------------- news----------- */
```

```
    .news {
    width:960px;
    margin:auto;
    margin-top:25px;
    }
/* -------------- ul li----------- */
    .news_tit {
    text-align:center;
    font-size:24px;
    color: #454545;
    padding:15px;
    border-bottom:1px #B4B4B4 solid;
    font-family:"微软雅黑"; }
    .news_sub_tit {
    text-align:center;
    font-size:14px;
    color:#B4B4B4;
    }
    .news_tch_tit {
    padding:20px;
    font-size:14px;
    line-height:26px;
}
```

（2）测试预览效果，按"F12"快捷键，效果如图 5-32 所示。

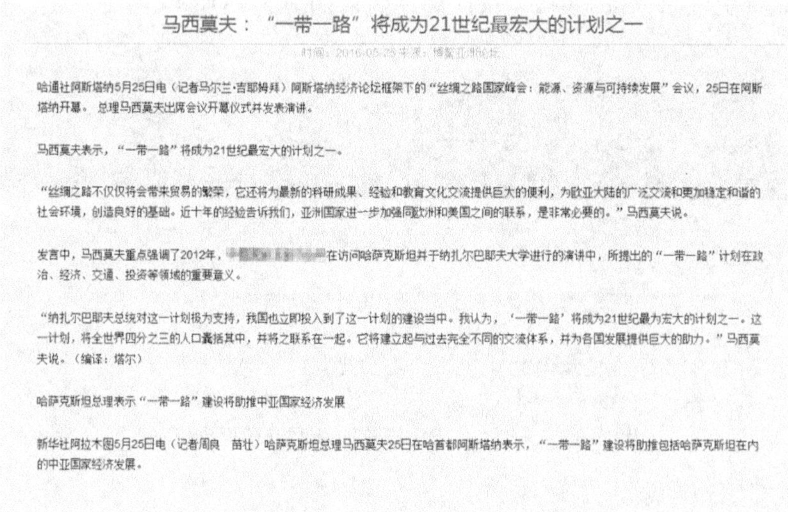

图 5-32　添加 CSS 样式后新闻详情页预览图

任务总结

1. 掌握 CSS 控制字体显示；
2. 掌握详情页的制作方式。

任务 5-8　用户注册页具体实现

任务目标

● 展示用户注册表单信息。

模块知识点

● 熟练应用列表标记；
● 掌握 input、select 等表单元素的应用；
● 掌握 CSS 控制背景、超链接、表单元素等语法。

明确任务

本任务主要是完成博鳌网站用户注册页的具体实现。从构建 HTML 结构到设置 CSS 样式，最终完成的效果如图 5-33 所示。

图 5-33　用户注册页效果图

任务解析

根据效果图可以看出，本任务主要由两部分构成：第一部分是页面顶部的用户登录注册、Banner、导航以及页脚，同样采用 JavaScript 写入相应的 HTML 结构的方式；第二部分是表单部分。

任务实现

1. 构建 HTML 结构

（1）列表页 HTML 结构具体实现代码如下：

```
<!-- 用户注册 -->
<div class="box">
<div class="title" style="margin-top:50px;">
   <ul>
     <li><span><a href="#">用户注册</a></span></li>
     </ul>
   </div>
   <div class="clear"></div>
   <div class="user">
     <ul>
       <li class="pro">用户名</li>
       <li><input style="width:200px; height:24px;" name="" type="text"
/></li>
       <li>请输入你的用户名</li>
       </ul>
       <ul>
       <li class="pro">密码</li>
       <li><input style="width:200px; height:24px;" name="" type="text"
/></li>
       <li>请输入你的密码</li>
       </ul>
       <ul>
       <li class="pro">确认密码</li>
       <li><input style="width:200px; height:24px;" name="" type="text"
/></li>
       <li>请再次输入你的密码</li>
       </ul>
       <ul>
```

```
    <li class="pro">性别</li>
    <li><select name="">
      <option>男</option>
      <option>女</option>
    </select></li>
</ul>
<ul>
    <li class="pro">生日</li>
    <li><input style="width:60px; height:24px;" name="" type="text" />
    年
      <input style="width:60px; height:24px;" name="" type="text" />
    月
      <input style="width:60px; height:24px;" name="" type="text" />
      日</li>
</ul>
<ul>
    <li class="pro">所在地</li>
    <li><select style="width:60px; height:24px;" name="">
      <option>海南</option>
      <option>广东</option>
      <option>江苏</option>
      <option>云南</option>
    </select> 省
      <select style="width:60px; height:24px;">
        <option>海口</option>
        <option>三亚</option>
        <option>琼海</option>
      </select>
    市</li>
</ul>
<ul>
    <li class="pro">手机号码</li>
    <li>
      <input style="width:200px; height:24px;" name="input" type="text" />
    </li>
    <li><input type="submit" name="button" id="button" value="获取短信
验证码" /></li>
</ul>
<ul>
```

```
            <li class="pro">验证码</li>
            <li><input style="width:150px; height:24px;" name="" type="text"
/></li>
            <li>请输验证码</li>
        </ul>
        <ul>
        <li class="pro"> </li>
        <li>
          <input type="submit" name="button2" id="button2" value="立即注册" />
        </li>
        </ul>
        <div class="clear"></div>
      </div>
  </div>
```

（2）测试预览效果，按"F12"快捷键，效果如图 5-34 所示。

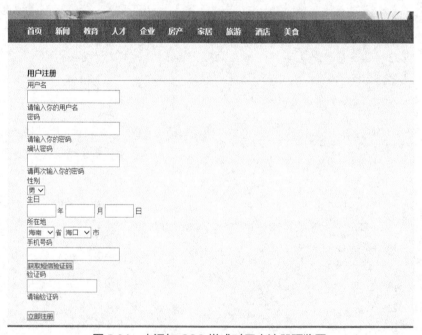

图 5-34　未添加 CSS 样式时用户注册预览图

2. 设置 CSS 样式

（1）在 style.css 中定义用户注册表单样式代码，具体如下：

```
/*用户注册页—————————*/
.user {
   margin:auto;
   margin-top:30px;
   width:800px;
```

```
            }
.user ul {
    clear:both;
    height:40px;
    }
.user ul li  {
    float:left;
    margin-right:10px;
    line-height:24px;
    color:#999;}
.pro {
    font-family:"微软雅黑";
    font-size:14px;
    font-weight:bold;
    width:150px;
    text-align:right;
    }
```

（2）测试预览效果，按"F12"快捷键，效果如图 5-35 所示。

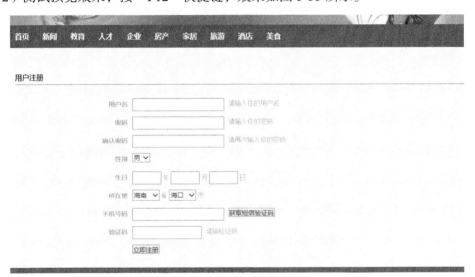

图 5-35　添加 CSS 样式后用户注册预览图

✦ 支撑知识点

1. Bootstrap 开源框架

在以上网页表单的设计实现中，使用一般方法实现时，页面效果并不是很美观，要自己写 CSS 样式来控制，代码又很复杂。这时我们可以使用开源框架 Bootstrap，在实践操作中可以引入 Web 前端框架 Bootstrap 对页面进行美化。

现以本任务为例介绍如何使用 Bootstrap。

（1）Bootstrap 的使用

① 下载并引入 bootstrap.min.css、jquery-3.2.0.min.js 以及 bootstrap.min.js。

代码如下：

```html
<head>
    <meta http-equiv="Content-Type" content="text/html; charset=utf-8" />
    <title>博鳌网</title>
    <link href="css/bootstrap.min.css" rel="stylesheet" type="text/css" />
    <link href="css/style8.css" rel="stylesheet" type="text/css" />
    <script src="js/jquery-3.2.0.min.js" type="text/JavaScript"></script>
    <script src="js/bootstrap.min.js" type="text/JavaScript"></script>
</head>
```

在引入 jquery-3.2.0.min.js 和 bootstrap.min.js 时，要注意先后顺序。

② 将 HTML 代码做修改，并添加相关 CSS 类定义。

代码如下：

```html
<body>
    <!-- 网站 Logo 和用户登录注册 -->
    <script src="js/login.js" type="text/JavaScript"></script>
    <!-- Banner -->
    <script src="js/top.js" type="text/JavaScript"></script>
    <!-- 导航 -->
    <script src="js/nav.js" type="text/JavaScript"></script>
    <!-- 用户注册 -->
    <div class="container">
     <form class="form-inline" role="form">
      <div class="box">
        <div class="title" style="margin-top:50px;">
          <ul>
            <li><span><a href="#">用户注册</a></span></li>
          </ul>
        </div>
        <div class="clear"></div>
        <div class="user">
          <ul>
            <li class="pro">用户名</li>
            <li>
              <input class="form-control" style="width:200px; height:30px;"
name="" type="text" />
```

```
                    </li>
             <li>请输入你的用户名</li>
             </ul>
             <ul>
             <li class="pro">密码</li>
             <li>
               <input class="form-control"  style="width:200px; height:30px;
" name="" type="text" />
             </li>
             <li>请输入你的密码</li>
             </ul>
             <ul>
             <li class="pro">确认密码</li>
             <li>
               <input class="form-control"  style="width:200px; height:30px;
" name="" type="text" />
             </li>
             <li>请再次输入你的密码</li>
             </ul>
             <ul>
             <li class="pro from-control">性别</li>
             <li>
               <select class="form-control"  name="">
                 <option>男</option>
                 <option>女</option>
               </select>
             </li>
             </ul>
             <ul>
             <li class="pro">生日</li>
             <li>
               <input class="form-control "  style="width:60px; height:30px;
" name="" type="text" />
             年
               <input class="form-control "  style="width:60px; height:30px;
" name="" type="text" />
             月
               <input class="form-control "  style="width:60px; height:30px;
" name="" type="text" />
```

```
              日</li>
          </ul>
          <ul>
            <li class="pro">所在地</li>
            <li>
              <select  class="form-control"    style="width:100px;  height:
30px;" name="">
                  <option>海南</option>
                  <option>广东</option>
                  <option>江苏</option>
                  <option>云南</option>
              </select>
              省
              <select class="form-control"   style="width:100px; height: 30px;">
                <option>海口</option>
                <option>三亚</option>
                <option>琼海</option>
              </select>
              市</li>
          </ul>
          <ul>
            <li class="pro">手机号码</li>
            <li>
              <input class="form-control"   style="width:200px; height:30px;
" name="input" type="text" />
            </li>
            <li>
              <input class="form-control"   type="submit" name="button" id=
"button" value="获取短信验证码" />
            </li>
          </ul>
          <ul>
            <li class="pro">验证码</li>
            <li>
              <input class="form-control"   style="width:150px; height:30px;
" name="" type="text" />
            </li>
            <li>请输验证码</li>
          </ul>
```

```
        <ul>
          <li class="pro"> </li>
          <li>
            <input class="form-control"  type="submit" name="button2" id
="button2" value="立即注册" />
          </li>
        </ul>
        <div class="clear"></div>
      </div>
    </div>
    </form>
  </div>
  <!-- 页脚 -->
  <script src="js/foot.js" type="text/JavaScript"></script>
</body>
```

在代码中添加 form，请向<form>标签添加 class .form-inline，该类使得它的所有元素是内联的、向左对齐的。在 input、select 等元素中添加 class .form-control，使得样式呈现更为美观。

③ 在完成以上两项任务后，浏览页面效果如图 5-36 所示。

图 5-36　应用 Bootstrap 框架后表单预览图

（2）Bootstrap 简单介绍

Bootstrap 是一个用于快速开发 Web 应用程序和网站的前端框架，基于 HTML、CSS、JavaScript。它的强大之处在于它将常见的 CSS 布局小组件和 JavaScript 插件进行了完整的封装，能让没有经验的前端工程师和后端开发工程师都迅速掌握和使用，提高了开发效率。此外，它还能在某种程度上规范前端团队编写 CSS 和 JavaScript 的代码。

Bootstrap 包括以下几方面内容。

● 基本结构：Bootstrap 提供了一个带有网格系统、链接样式、背景的基本结构。这将在 Bootstrap 基本结构部分详细讲解。

- CSS：Bootstrap 自带全局的 CSS 设置、定义基本的 HTML 元素样式、可扩展的 class 以及先进的网格系统等特性。
- 组件：Bootstrap 包含了十几个可重用的组件，用于创建图像、下拉菜单、导航、警告框、弹出框等。
- JavaScript 插件：Bootstrap 包含了十几个自定义的 jQuery 插件。使用者可以直接包含所有的插件，也可以逐个包含这些插件。
- 定制：使用者可以定制 Bootstrap 的组件、LESS 变量和 jQuery 插件来得到自己的版本。

在制作表单页面时，不仅需要考虑页面的美观，还需要考虑页面的实用性。例如，当用户填入的信息不合法时，需提醒用户。

2. JavaScript 表单验证

JavaScript 最有用的一项应用是验证表单，即使用脚本检验输入的信息是否有效，例如，用户名不能为空，合法的邮箱等。

（1）验证文本框的值是否为"空"

结构代码如下：

```
<form name="f1" action="index.html" method="get">
    用户名:<input type="text" id="name" onblur="checkName()" />
    <input type="submit" value="提交" />
</form>
```

onblur="checkName()"：当文本框失去焦点时，将调用函数 checkName()验证文本是否为"空"，若为"空"，则弹出提示信息。

具体的 JavaScript 代码如下：

```
<script type="text/JavaScript">
function checkName(){
    var name=document.getElementById("name");
    if(name.value==""){
        alert("用户名不能为空");
    }
}
</script>
```

（2）验证邮箱格式是否正确

结构代码如下：

```
<form name="f1" action="index.html" method="get">
    Email: :<input type="text" id="email" onblur="checkEmail()" />
    <input type="submit" value="提交" />
</form>
```

验证邮箱格式，最主要的是判断邮箱中是否包含两个符号"@"和".",若有则是有效的邮箱格式，若无则给出提示。

具体的 JavaScript 代码如下：

```
<script type="text/JavaScript">
function checkEmail (){
    var email=document.getElementById("email");
    if(email.value==""){
        alert("email 不能为空！");
        }
    if(email.value.indexOf("@")==-1 || email.value.indexOf(".")==-1){
        alert("邮箱格式不正确");
        }
}
</script>
```

（3）提交时验证整个表单的信息是否有效

当一个表单中包含多条表单元素信息时，必须满足所有表单元素输入信息有效，才能正确跳转。例如，当表单中包含两个验证信息：用户名和邮箱名，必须两者的信息都有效时才能正确跳转到 index.html 页面。

结构代码如下：

```
<form name="f1" action="index.html" method="get" onsubmit="return check()">
    用户名:<input type="text" id="name" onblur="checkName()" /> <br />
    Email: :<input type="text" id="email" onblur="checkEmail()" />
    <input type="submit" value="提交" />
</form>
```

为了判断整个表单信息是否有效，需要在<form>标签中添加事件 onsubmit="return check()"，该事件表示当用户单击提交按钮时触发事件，调用 check()函数，当函数返回值为 true 则成功跳转，返回 false 则跳转失败。

具体的 JavaScript 代码如下：

```
<script type="text/JavaScript">
//验证用户名
function checkName(){
    var name=document.getElementById("name");
    if(name.value==""){
        alert("用户名不能为空");
        return false;
        }
    return true;
    }

//验证邮箱
function checkEmail(){
```

```
    var email=document.getElementById("email");
    if(email.value==""){
        alert("email 不能为空！");
        return false;
        }
    if(email.value.indexOf("@")==-1 || email.value.indexOf(".")==-1){
        alert("邮箱格式不正确");
        return false;
        }
    return true;
}
function check(){
    if(checkEmail()==false || checkPwd()==false){
        return false;
        }
    return true;
    }
</script>
```

（4）简单的添加菜单项

例如，我们在页面中需要显示年份或月份时，通过 HTML 代码直接输入月份或年份，会使代码非常复杂，这时可以用 JavaScript 直接添加菜单项。

在页面加载后，直接添加 12 个月份，把下面的脚本直接嵌入 HTML 代码中：

```
<select id="month" onchange="changeDay()">
<script language="JavaScript" type="text/JavaScript">
    for(var i=1; i<=12;i++){
        document.write("<option>"+i+"</option>");
        }
</script>
</select>
```

当用户选择相应的月份时，如果需要提供相应的日期，则可以调用函数 changeDay()实现，接着上面的代码如下：

```
<select id="day">
<script language="JavaScript" type="text/JavaScript">
    for(var i=1; i<=31;i++){
        document.write("<option>"+i+"</option>");
        }
    function changeDay(){
        var monthObj=document.getElementById("month");
        var index=monthObj.selectedIndex;
```

```
        var month=monthObj.options[index].value;
        var day=document.getElementById("day");
        var date=0;
        day.options.length=0;
        if(month==2){
            //判断闰年
            var yearObj=document.getElementById("year");
            var index1=yearObj.selectedIndex;
            var year=yearObj.options[index1].value;
            if(year%400==0){
                date=29;
                }
                else{
                    date=28;
                    }
            }
        else
if(month==1||month==3||month==5||month==7||month==8||month==10||month==12){
            date=31;
            }
        else{
            date=30;
            }
        for(var i=date; i>=1;i--){
          day.add(new Option(i,i));
          }
        }
    </script>
    </select>
```

（5）级联菜单

级联菜单经常在用户注册页面中用到，当用户选择某个省份时，给出相应的市级名称。
结构代码如下：

```
<form action="" method="post" name="myform">
  <select  id="selProvince" onchange="changeCity( )">
      <option>--选择省份--</option>
      <option value="河南省">河南省</option>
      <option value="河北省">河北省</option>
      <option value="山东省">山东省</option>
  </select>
```

```
<select  id="selCity">
    <option>--选择城市--</option>
</select>
</form>
```

当用户选择省份时，将会触发 onchange 事件，执行 changeCity( )函数代码。
具体的 JavaScript 代码如下：

```
<script type="text/JavaScript">
  function changeCity(){
    var province=document.getElementById("selProvince").value;  //获取省
份选项的值
    var city=document.getElementById("selCity");
    city.options.length=0; //清除 selCity 列表中的选项
    switch(province){
      case "河南省":
        city.add(new Option("郑州市","郑州市"),null);
        city.add(new Option("洛阳市","洛阳市"),null);
        break;
      case "河北省":
        city.add(new Option("邯郸市","邯郸市"),null);
        city.add(new Option("石家庄市","石家庄市"),null);
        break;
      case "山东省":
        city.add(new Option("青岛市","青岛市"),null);
        city.add(new Option("烟台市","烟台市"),null);
        break;
      }
    }
</script>
```

任务总结

1. 根据用户注册页设计给出 DIV 结构代码；
2. 拓展掌握 Bootstrap 的基本使用方法；
3. 学会使用 Bootstrap 开源框架来控制页面样式；
4. 掌握 JavaScript 表单验证方法。

第❻章 利用 HTML 5 技术制作移动端页面

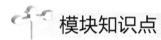

任务目标

- 利用 HTML5 制作移动端页面。

模块知识点

- 了解 HTML5 相关基础知识；
- 掌握制作 HTML5 移动端页面；
- 掌握 HTML5 一些新增标记。

明确任务

本任务主要是利用 HTML5、CSS、JavaScript 技术共同完成一种适应移动端显示的页面，从构建 HTML 结构、设置 CSS 样式到脚本特效，图 6-1 所示的是 320px×480px 的模拟效果图。

图 6-1　移动端模拟效果图

任务解析

HTML5 是近十年来 Web 开发标准最巨大的飞跃，也是一种开发趋势。本次任务主要是制作一份简单的邀请函，让大家熟悉 HTML5 页面的开发与测试功能。

从效果图 6-1 中可以看出该页面的 HTML 结构仅包含标题、文本和一个链接按钮，样式也不多，设置了背景和文本样式，还添加了单击按钮特效，单击按钮后的效果如图 6-2 所示。

图 6-2 单击按钮后的效果图

在本任务中，最大的难点在于如何实现页面适应不同的移动端显示。

任务实现

下面带领大家制作一份简单的邀请函，让大家初步了解 HTML5 页面的制作。制作 HTML5 页面一般包含三个方面：HTML 结构、CSS 样式以及 JavaScript 脚本完成交互。

1. 构建 HTML 结构

对于初学者来说，最佳的 HTML5 开发工具仍然是 Adobe 公司的 Dreamweaver 软件。在本书中我们仍然使用 Dreamweaver CS6 进行开发。

构建 HTML 结构的具体实现步骤如下：

STEP 1　规划站点结构。

STEP 2　创建 HTML5 页面。打开 Dreamweaver CS6，选择菜单"新建"命令，选择"空白页"，页面类型选择"HTML"，在文档类型的位置选择"HTML5"，如图 6-3 所示，并保存为 index.html。

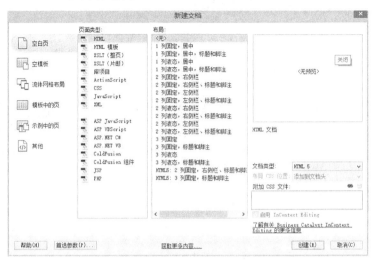

图 6-3　创建 HTML5 页面图

创建好了 HTML5 页面后，大家会发现显示的结构代码与原先的 HTML4 页面的结构代码有所不同，第一行代码仅为：<!doctype html>。

STEP 3　由于邀请函的结构不是很复杂，下面我们直接给出整个邀请函的 HTML 结构。代码如下：

```
<!doctype html>
<html>
<head>
<meta charset="utf-8">
<title>邀请函</title>
</head>

<body>
<div id="box">
  <h1>let's meet HAI RUAN</h1>
    <p>这里四季如春，这里春暖花开，这里书香浓墨，这里将实现你所有的不可能，来吧，让我们
相约海软！</p>
    <a href="#" id="submit">来吧</a>
</div>
</body>
</html>
```

<h1>包含邀请函的标题，<p>包含内容，后面再制作一个链接按钮，所有的内容包含在一个 div#box 容器里。

STEP 4 按“F12”快捷键，在浏览器中页面结构测试效果如图 6-4 所示。

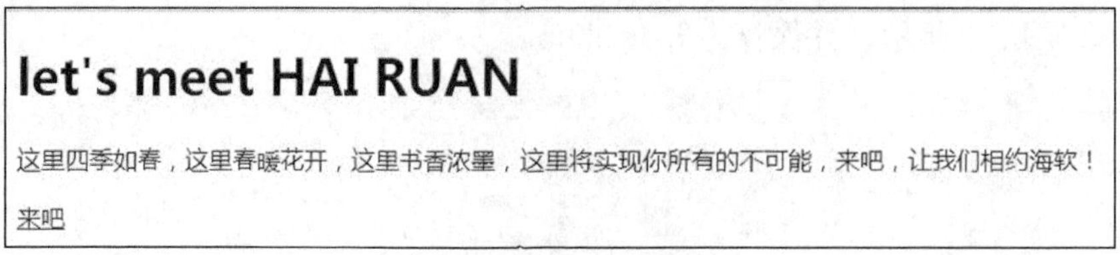
let's meet HAI RUAN
这里四季如春，这里春暖花开，这里书香浓墨，这里将实现你所有的不可能，来吧，让我们相约海软！
来吧

图 6-4　页面结构效果图

为了看看移动端显示的效果，我们使用了火狐浏览器开发者模式进行测试。打开火狐浏览器，打开“菜单”→“开发者”→“响应式设计模式”，进入移动端测试模式，如图 6-5 所示。火狐为我们提供了多种分辨率选择，包括 320px × 480px、320px × 640px 等，用户也可以自己输入特定的分辨率或自行拖动大小进行测试。

2. 设置 CSS 样式

（1）创建 CSS 文件。新建一个 CSS 文件，并命名为 style.css，样式代码将在 style.css 文件里完成。

（2）设置背景样式。本例中使用一张蓝色天空图片作为背景图。由于图片分辨率为 800 × 500px，为了适应不同分辨率浏览的情况，我们把背景图设置成根据浏览器的大小进行相应缩放的状态，以确保图片的主体填满整个浏览器区域。置入下面的代码，测试效果如图 6-6 所示。

320×480
let's meet HAI RUAN
这里四季如春，这里春暖花开，这里书香浓墨，这里将实现你所有的不可能，来吧，让我们相约海软！
来吧

图 6-5　移动端模拟效果图

let's meet HAI RUAN
这里四季如春，这里春暖花开，这里书香浓
我们相约海软！

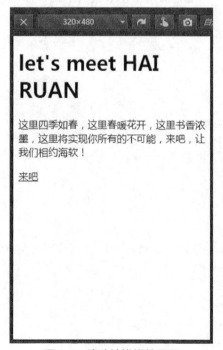

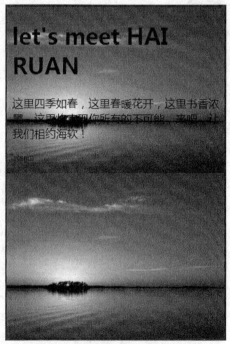

图 6-6　设置背景后显示效果图

```
body{
    background:url(sky.jpg) center center;
    background-size:cover;  /*保持图片比例，使背景图缩放可以完全覆盖整个浏览器区域*/
}
```

测试效果并不是我们想象的那样，背景图片并没有缩放填满整个区域，而是进行垂直平铺，以两张背景图显示。要解决这个问题，需要先了解，浏览器默认并没有给 body 设定高度。要想图片自动适应整个屏幕显示，需要给 html 代码设置 height 属性，使两者在高度上充满全屏。接着一起设定通配选择器，清除掉所有元素的内外边距。

```
*{ margin:0px; padding:0px;}
html{
    height:100%;    /*设定自适应，本例子中的单位都使用相对单位*/
}
body{
    background:url(sky.jpg) center center;
    background-size:cover;  /*保持图片比例，使背景图缩放可以完全覆盖整个浏览器区域*/
}
```

（3）设置字体样式。根据效果图，我们看到不管标题还是段落，页面上所有的文本都是黄色显示，因此，我们不需各个标签都单独设置字体颜色，而是直接在 body 中设置即可。代码如下：

```
body{
    background:url(sky.jpg) center center;
    background-size:cover;  /*保持图片比例，使背景图缩放可以完全覆盖整个浏览器区域*/
    color:#FF0;
}
```

（4）设置 div#box 样式。该 div 包含页面整体内容，若要使所有内容居中显示，只需设置该盒子居中即可。首先设置其宽度为 100%，撑满整个浏览器，才能设置其水平居中"text-align:center;"。对于 box 盒子来说并没有设置其高度，高度是根据内容的多少来显示的，要设置其垂直居中，需要借助绝对定位来实现。代码如下：

```
#box{
    width:100%;
    text-align:center;
    position: absolute;
    top:50%;                /*绝对定位，向下移动 50%*/
}
```

设置完绝对定位后，查看效果如图 6-7 所示。根据效果图发现整体的内容区域已向下移动了整体的 50%，即顶端内容位于整个页面的垂直方向的中点。从整体来看，并没有实现垂直居中效果，要实现这一效果，还得使得 box 盒子向上移动其内容高度的一半。但现在的问题是 box 盒子是不确定的，是根据内容而定的，设定其内容的字体间距都有可能增加其高度，也就是说 box 盒子的高度是一个动态变化的值，我们不能使用绝对单位 px 值来表示。为了实现 box 盒子向上平移 50%，我们可以使用 CSS3 中的一个属性 transform。transform 属性可以设置 X 轴或 Y 轴向左右或上下平移，在本例中，设置其 translateY 的值为-50%，表示向上移动整体的-50%，具体代码如下：

```
#box{
    width:100%;
    text-align:center;
    position: absolute;
    top:50%;                /*绝对定位，向下移动 50%*/
    -Webkit-transform: translateY(-50%);
    -moz-transform: translateY(-50%);
    -ms-transform: translateY(-50%);
    -o-transform: translateY(-50%);
    transform: translateY(-50%);
}
```

设置完后的效果如图 6-8 所示。

图 6-7　设置绝对后显示效果图

图 6-8　设置平移后显示效果图

（5）设置标题和段落字体样式。根据效果图设置标题、段落的字体样式和内外边距等，这些样式需要不断地测试和不断地调整，以达到最协调的效果。这里需要注意的是把标题的英文转化为大写，以凸显重要性。转化是需要使用 CSS 里的 text-transform: uppercase 属性转化，而不是直接写成大写。代码如下：

```
h1{
```

```
    font-size: 54px;
    text-transform: uppercase;   /*把小写字符转换成大写*/
    margin-bottom: 20px;
}
p{
    font-size: 21px;
    margin-bottom: 40px;
    margin-left: 25px;
    margin-right: 25px;
}
```

（6）设置链接按钮样式。给链接按钮添加一个圆角边框，再设置其内边距，使其看起来像个按钮的样式。需要注意一点是<a>标签是一个行内元素，不能直接设置其高度和宽度，若需要设置，得先转换成块级元素。这里直接设置其 padding: 10px 100px，左右内边距达到了 100px，具体代码如下：

```
a{
    font-size: 18px;
    color:#FF0;
    border:1px solid #FF0;
    border-radius: 3px;
    text-decoration: none;
    padding: 10px 100px;
}
```

（7）链接 CSS 文件。设置 CSS 样式完成后，保存，要把 CSS 作用于 HTML 结构，就要在 HTML 结构中链接 CSS 文件，在<head></head>标签中添加以下<link>标签语句，具体代码如下：

```
<head>
<link rel="stylesheet" href="style.css" type="text/css" />
</head>
```

（8）测试预览效果，分别用 Mozilla Firefox 和 Chrome 浏览器测试，效果如图 6-9 和图 6-10 所示。从两张图中可以看出，在火狐中正常显示，而在 Chrome 浏览器中字体显示过小。为了使得在各个浏览器中兼容，需要在<head></head>标签中添加如下代码：

```
<head>
<meta name="viewport"
content="width=device-width,initial-scale=1.0,user-scalable=no,maxinum-scale=1.0">
</head>
```

以上代码表示 viewport 的宽度为设备的宽度 device-width，user-scalable=no，用户不能随意缩放，initial-scale=1.0 默认不缩放，maximum-scale=1.0 最大缩放值也为 1，锁定不缩放。

设定好后再在 Chrome 浏览器中浏览，效果与火狐中一致。

图 6-9　火狐浏览器浏览效果图　　　　图 6-10　Chrome 浏览器浏览效果图

3．创建交互脚本

（1）创建一个 JavaScript 文件，与 CSS 文件保存在同一目录中，并命名为 submit.js，以下代码将写在该文件中。

（2）本案例中与用户交互就是当用户单击按钮链接时，改变按钮的背景色和字体等样式。需要先获取到该按钮元素，再设置其单击事件触发一个匿名函数。在该函数中实现改变按钮的字体、颜色等样式。具体代码如下：

```
var reg=document.getElementById("submit");
reg.onclick=function () {
    reg.innerHTML="海软欢迎你";
    reg.style.background="#2481F2";
    reg.style.borderColor="#FFF";
    reg.style.color="#FFF";
```

（3）链接 JavaScript 文件。通过<script></script>标签链接 JavaScript 文件，该标签可以放在<head></head>标签中，也可以放在 body 中。但最好的方法是放在 body 的底部，或放在<a>标签代码的后面，尽可能提高加载速度，并且避免 JavaScript 代码提前解析执行。具体代码如下：

```
<a href="#" id="submit">来吧</a>
<script src="submit.js"></script>
```

单击链接按钮后显示的效果如图 6-11 所示。

图 6-11　单击按钮后效果图

⭐ 扩展知识点

随着 Web 技术的发展，HTML5 也越来越受到大家的关注。和以前的版本不同，HTML 5 并非仅仅用来表示 Web 内容，它的新使命是将 Web 带入一个成熟的应用平台，在 HTML 5 平台上，视频、音频、图像、动画以及同电脑的交互都被标准化。HTML5 将成为 HTML，XHTML 以及 HTML DOM 的新标准。

1．HTML5 概述

20 世纪 90 年代是 HTML 发展速度最快的时期，特别是在 1999 年，HTML4.01 发布后，业界普遍认为 HTML 已经到了穷途末路，对 Web 标准的焦点开始转移到 XML 和 XHTML 上，对后继的 HTML5 和其他标准不再重视。

2004 年 Web 超文本应用技术工作组 （WHATWG）创立了 HTML5 规范。2006 年，W3C 组织决定与 WHATWG 合作，并于 2008 年发布了 HTML5 工作草案。2010 年 HTML5 开始解决实际问题，虽然 HTML5 仍处于完善之中，但是各大浏览器厂家已经开始对旗下产品进行升级，以支持 HTML5 新功能，就连非常排斥标准的 IE 浏览器也开始积极向 HTML5 靠拢，在 IE9 版本中已经全面支持新技术。

2014 年 10 月 29 日，万维网联盟宣布，经过几乎 8 年的艰辛努力，HTML5 标准规范终于制定完成，并已公开发布。计划 2022 年发布 HTML5 推荐版。

（1）HTML5 特征

- 语义特性（Class：Semantic）；
- 本地存储特性（Class: OFFLINE & STORAGE）；
- 设备兼容特性（Class: DEVICE ACCESS）；
- 连接特性（Class: CONNECTIVITY）；
- 网页多媒体特性（Class: MULTIMEDIA）；
- 三维、图形及特效特性（Class: 3D, Graphics & Effects）；
- CSS3 特性（Class: CSS3）。

（2）HTML5 新功能

① 音频和视频支持（Audio and Video）

HTML5 新增<audio>和<video>标签，使得浏览器不需要插件即可播放视频和音频。例如，可以用以下代码嵌入一部电影：

```
<video src=" introdu.mov" />
```

通过 audio 元素可以使用以下代码给 Web 页面加上背景音乐：

```
<audio src="spacemusic.mp3" autoplay="autoplay" loop="20000" />
```

② 绘图（Canvas）

HTML 5 引进了很多新特性，Canvas 元素就是最令人期待的其中之一。HTML 5 canvas 提供了通过 JavaScript 绘制图形的方法，此方法使用简单但功能强大。每一个 canvas 元素都有一个"上下文(context)"(想象成绘图板上的一页)，在其中可以绘制任意图形。浏览器支持多个 canvas 上下文，并通过不同的 API 提供图形绘制功能。动态生成和展示二维图形、图表、图像以及动画。实现图片、视频的像素级处理。

③ 地理定位（Geolocation）

HTML5 的另一个功能是地理信息定位，一些浏览器提供了 geolocation API ，这个 API 也由 W3C 管理，可以结合 HTML5 实现你当前地理位置定位。Google Maps 在使用该功能，在 Google 地图上，有一个小圆圈，点击一下，就能告诉 Google 地图你现在的地理位置。

④ 本地存储

相对于 HTML 4 只能使用 cookie 在客户端存储数据，大小受限制，占用带宽，操作复杂，HTML5 支持使用 Web Storage 在客户端进行存储数据，容量更大，减轻带宽压力，操作简便。这个功能将内嵌一个本地的 SQL 数据库，以加速交互式搜索、缓存以及索引功能。

⑤ 本地离线应用程序(即使在 Internet 连接中断之后)

HTML5 的离线应用缓存使得在无网络连接状态下运行应用程序成为可能。适合阅读和写电子邮件、编辑文档等。避免了加载应用程序时所需的常规网络请求。从缓存中加载资源可以节省带宽。

⑥ 后台处理（Web Workers）

HTML5 Web Workers 可以让 Web 应用程序具备后台处理能力。它对多线程的支持性非常好，因此，使用 HTML5 的 JavaScript 应用程序可以充分利用多核 CPU 带来的优势。

⑦ 通信（Web Sockets）

它定义了一个全双工通信信道,仅通过 Web 上的一个 Socket 即可进行通信。Web Socket 不仅仅是对常规 HTTP 通信的另一种增量加强，它更代表着一次巨大的进步，对实时的、事件驱动的 Web 应用程序而言更是如此。

⑧ 语义化标记

HTML5 最大的意义在于改变了 Web 文档的结构方式,借助 header, footer, section, article 这些标签，我们可以实现更具结构化、语义化的 Web 文档。这样，搜索引擎可以更容易索引 Web 站点，我们也可以更快地搜索到更准确的信息。

（3）HTML5 优点和不足

HTML5 优势总结如下：

- 提高可用性和改进用户的友好体验；
- 新标签将有助于开发人员定义重要的内容；
- 可以给站点带来更多的多媒体元素(视频和音频)；
- 可以很好地替代 FLASH 和 Silverlight；
- 当涉及网站的抓取和索引的时候，对于 SEO 很友好；
- 大量应用于移动应用程序和游戏。

HTML5 不足之处：

- HTML5 本身还在发展中，它不是用户应用的最迫切需求，更多是厂商试图改变软件生态格局的战略需求；
- HTML5 的兼容性受限于各大浏览器表现，例如，微软的 IE 和 Fireforx 之间存在很多差别；
- HTML5 需要一个成熟完整的开发环境，目前还缺少；
- HTML5 功能的暴增，要求浏览器必须有一个高效的图形引擎和脚本引擎；
- HTML5 需要杀手级应用来吸引和引导用户升级浏览器，最终完成 HTML5 终端的部署。

2．HTML5 基础

HTML5 以 HTML4 为基础,大部分语法还是和 HTML4 一致，对一些标记进行了修改，它废弃了一些标记，同时也新增了一些标记和属性。

（1）HTML5 基本结构

根据 HTML5 设计的化繁为简的原则，文档类型和字符编码都进行了简化。HTML5 基本结构如下：

```
<!doctype html>    <!--文档声明-->
<html>
  <head>
    <meta charset="utf-8">    <!--字符编码-->
    <title>无标题文档</title>
  </head>
  <body>
```

```
</body>
</html>
```

（2）HTML5 语法变化

① 标签不再区分大小写。

② 部分元素是可以省略结束标签的，也就是可写也可以不写。

colgroup、dt、dd、li、optgroup、option、p、rt、rp、thead、tbody、tfoot、tr、td、th

```
<p>其实我是一个 p 标签</P>
<p>其实我是一个 p 标签
```

像上面的写法在 HTML5 中是被允许的。虽然在 HTML5 中以上代码都是合法的，但是还是希望用户按照 XHTML 的严格语法标准来写。

③ 允许省略属性值的属性。HTML5 允许可以不写属性的值，不写属性值或赋值为一个空字符串，表示为 true，写属性就表示该属性为 false。

④ 允许属性值不使用引号。HTML5 允许属性值不使用引号，这在 XHTML 中是被禁止的。

（3）HTML5 新增标签——区块元素

在 HTML4 中所有的区块标签都是使用<div> 标签，而 HTML5 强调结构要语义化，也就是说，通过阅读代码，我们很容易地辨别每个区块的功能和用途。

在开始学习新增区块标签之前，我们先来看看在 HTML4 中是如何使用<div>来划分区块的。图 6-12 所示的是一张典型的 Web 页面原型设计图，从图中可以把 Web 页面按布局划分为头部区域、内容区域、侧边栏区域和脚注区域。其中头部区域包含了网站的标志 Logo、banner 和导航条；侧边栏区域包含登录或外部链接等内容；内容区域是网站的主体区域，主要包含整体内容，可以是各个板块或文章标题内容等；脚注区域主要是包含网站的版权声明等信息。

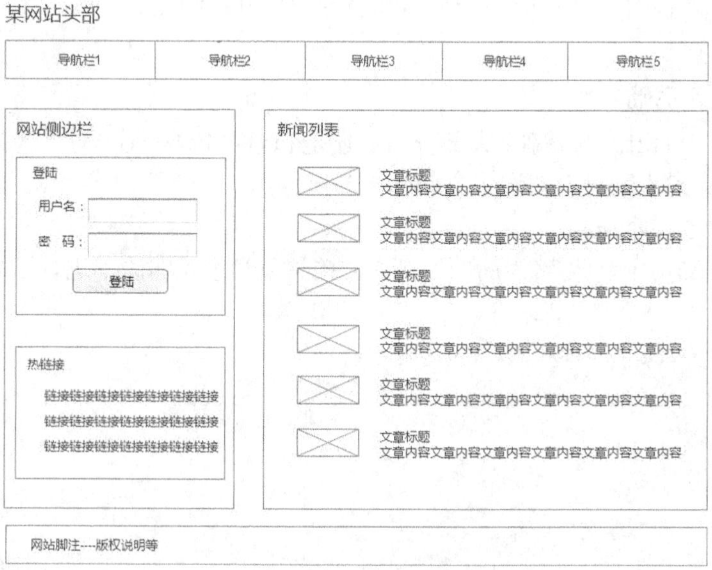

图 6-12　Web 页面原型设计图

在 HTML5 之前，我们要编写该 Web 页面的 HTML 结构时，一般都是用<div>标签来嵌套标识，并对各个<div>标签添加相应的 id 名称，代码如下：

```
<body>
<div id="header">
  <h1>标题</h1>
  <div id="nav">导航条</div>
</div>
<div id="aside">侧边栏</div>
<div id="content">
  <div class="news">文章 1</div>
  <div class="news">文章 2</div>
  <div class="news">文章 3</div>
</div>
<div id="footer">脚注</div>
</body>
```

从以上代码可以看出，完成一个页面结构得需要很多<div>标签堆砌，从中很难清晰地看出整个页面的结构，更不用说浏览器能自动识别了。因此，HTML5 以后，开始强调页面结构要语义化，使代码更容易阅读。我们先来看看 HTML5 新增哪些区块元素来替换相应的<div>标签。

下面是 HTML5 新增的区块元素：

- header：标记头部区域的内容（用于整个页面或页面中的某一区域）；
- section：页面中的内容区域，比如，章节；
- aside： 侧边栏，例如，新闻链接、作者介绍等；
- article：表示页面中的一块，与上下文不相关的独立内容，譬如，博客中的一篇文章；
- nav：导航栏信息，页面主菜单；
- footer：脚注，通常包含文档的作者、版权信息、使用条款链接、联系信息等。

用 HTML5 新增的区域元素对以上代码进行重新修改，使页面结构更加友好，代码如下：

```
<body>
<header>
  <h1>标题</h1>
  <nav>导航条</nav>
</header>
<aside>侧边栏</aside>
<section>
  <article>
    <h3>文章 1</h3>
    <p>文章 1 的内容</p>
  </article>
```

```
    <article>
      <h3>文章 2</h3>
      <p>文章 2 的内容</p>
    </article>
    <article>
      <h3>文章 3</h3>
      <p>文章 3 的内容</p>
    </article>
  </section>
  <footer>脚注</footer>
  </body>
```

提示　　　当前，业界在使用<div>还是尽量使用语义化标签方面，依然存在一些分歧。因为，不是每一个页面都像上面例子一样那么理想化，在实际开发中需要协调种种问题，包括内容、布局、外观等，要完全采用语义化标签还是非常困难的。对于初学者来说，用好<div>是一个不错的开端，而不必要在所有页面中都硬套语义化标签。

（4）HTML5 新增属性——表单属性

HTML5 之前，制作表单页面，一般都要与 JavaScript 代码结合，通过 JavaScript 代码对每个表单元素的输入内容的合法性进行检测，代码非常的繁杂。HTML5 对表单元素做了很大的改变，特别是新增了一些非常人性化的表单属性，使得表单功能越来越丰富。

下面我们来制作一个简单的注册页面，让大家了解新增的表单属性。注册页面命名为reg.html，页面中姓名、密码、电话、邮箱、日期等信息。

先来制作姓名和密码表单元素，用到 input 表单。代码如下：

```
<form action="" method="post">
   <p><label for="name">姓名：<input type="text" name="name" id="name">
</label></p>
   <p><label for="pwd">密码：<input type="password" name="pwd" id="pwd">
</label></p>
  </form>
```

在上述的代码中，使用了 type 属性为 text 和 password 的 input 表单元素，作为文本和密码输入框，并设置了 name 和 id 属性。name 属性主要是为了后台代码能够获取表单数据，id 属性用于样式设置，以及与<lable>标签的 for 属性结合，实现单击"姓名"文本，使输入框获得焦点。

注意　　　所有表单元素必须都要包含在 form 表单体中。

　　以上代码还可以进行优化，例如，输入框中还可以添加 placeholder（占位符）属性，为用户提供更为详细的填写说明，显示效果如图 6-13 所示。还有 required（必填）属性，表示该输入框为必填项，若用户为空则显示红色边框和文字提醒，效果如图 6-14 所示，autofocus（自动获得焦点）属性，表示表单元素自动获得焦点，一般用于表单元素第一项，其他的不用填该属性。修改后的代码如下：

```
<form action="" method="post">
  <p><label for="name">姓名：<input type="text" name="name" id="name"
placeholder="请输入用户名" required autofocus></label></p>
  <p><label for="pwd">密码：<input type="password" name="pwd" id="pwd">
</label></p>
  </form>
```

图 6-13　占位符属性显示图　　　　　　　図 6-14　必填属性显示图

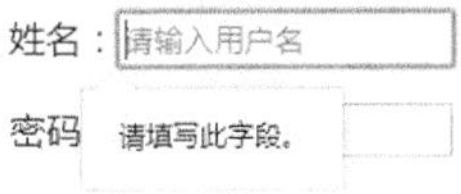

　　接下来，在页面中添加电话、邮箱、日期、注册按钮四项输入框，代码如下：

```
<form action="" method="post">
  <p><label for="tel">电话：<input type="tel" id="tel"></label></p>
  <p><label for="email">邮箱：<input type="email" id="email"></label></p>
  <p><label for="date">日期：<input type="date" name="date" id="date"
></label></p>
  <input type="submit" value="注册">
  </form>
```

　　在 HTML5 之前，所有的输入框都是使用 type 属性为 text 来表示，再通过 JavaScript 脚本来控制交互。从以上代码可以看出，在 HTML5 中 type 属性新增了 tel、email、date 等属性值，它们实现不同的功能输入框。

　　设置为 tel 属性值，在移动端页面填写该项时，输入法就变成了纯数字，但在 Web 页面不能进行测试，需要在移动端才能测试。设置为 email 属性值，输入将只显示与邮箱地址相关的英文字母和字符，若输入不相符的邮箱符号时，会给出提醒，如图 6-15 所示。设置为 date 属性值时，该输入框将显示的是日期的格式，让用户更为方便的选择日期，且如果选择的日期不存在，也会给出提醒。除了移动端外，目前在 Chrome 浏览器中也能看到日期的选择界面，如图 6-16 所示。

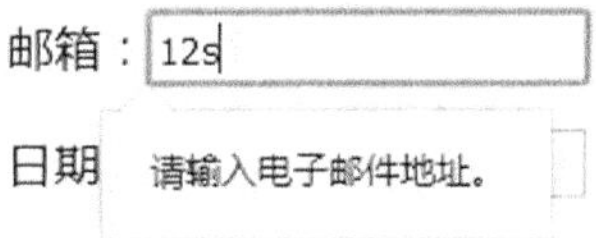

图 6-15　输入不相符的邮箱符号时显示图 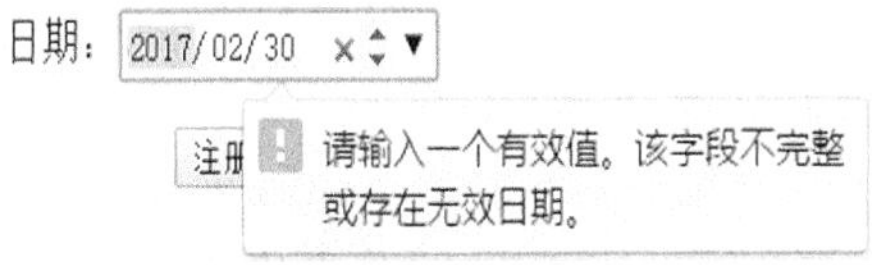　　图 6-16　在 Chrome 浏览器中看到日期的选择界面显示图

　　将所有的代码组合完成一个注册页面，最后显示效果如图 6-17 所示。

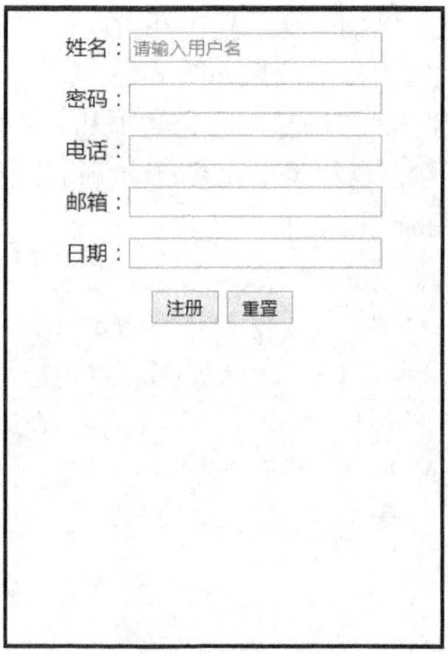

图 6-17 注册页面效果图

全部的代码整理如下：

```
<form action="" method="post">
  <p><label for="name">姓名：<input type="text" name="name" id="name" placeholder="请输入用户名" required autofocus></label></p>
  <p><label for="pwd">密码：<input type="password" name="pwd" id="pwd"></label></p>
  <p><label for="tel">电话：<input type="tel" id="tel"></label></p>
  <p><label for="email">邮箱：<input type="email" id="email"></label></p>
  <p><label for="date">日期：<input type="date" name="date" id="date"></label></p>
  <input type="submit" value="注册" id="submit"> <input type="reset" value="重置" id="reset">
</form>
```

任务总结

1. 了解 HTML5 概述；
2. 学会制作 HTML5 移动端页面；
3. 了解 HTML5 框架；
4. 了解 HTML5 新增的区域元素；
5. 了解 HTML5 新增的表单属性。